Ian McEwan

Der Zementgarten

Ian McEwan

Der Zementgarten

Roman

Aufbau-Verlag

Für Penny

Teil eins

1

Ich habe meinen Vater nicht umgebracht, aber manchmal kam es mir vor, als hätte ich nachgeholfen. Und bis auf die Tatsache, daß sein Tod zeitlich mit einem Meilenstein in meiner eigenen körperlichen Entwicklung zusammenfiel, schien er unbedeutend, verglichen mit dem, was dann kam. Meine Schwestern und ich sprachen über ihn in der Woche, nachdem er gestorben war, und natürlich weinte Sue, als ihn die Sanitäter in eine hellrote Decke einpackten und forttrugen. Er war ein schwächlicher, jähzorniger, verbohrter Mann, gelblich an den Händen und im Gesicht. Ich führe die kleine Geschichte von seinem Tod nur an, weil sie erklärt, wieso meine Schwestern und ich auf einmal eine so große Menge Zement zur Verfügung hatten.

Im Frühsommer meines vierzehnten Lebensjahres hielt ein Lastwagen vor unserem Haus. Ich saß auf der Vordertreppe und las ein Comic, das ich schon kannte. Der Fahrer und noch ein Mann kamen auf mich zu. Sie waren mit feinem, hellem Staub bedeckt, der ihren Gesichtern ein geisterhaftes Aussehen gab. Sie pfiffen beide schrill zwei völlig verschiedene Melodien. Ich stand auf und steckte das Comic weg. Ich wünschte, ich hätte die Rennseite in Vaters Zeitung oder die Fußballergebnisse gelesen.

»Zement?« sagte der eine. Ich hakte die Daumen in die Hosentaschen ein, verlagerte mein Gewicht auf ein Bein und kniff die Augen etwas zusammen. Ich wollte etwas Knappes und Treffendes sagen, aber ich war nicht sicher, ob ich sie richtig verstanden hatte. Ich brauchte zu lange, denn der Mann verdrehte die Augen nach oben, stemmte die Hände in die Hüften und starrte an mir vorbei auf die Haustür. Sie ging auf, und mein Vater trat heraus, an seiner Pfeife kauend, eine Schreibplatte gegen die Hüfte gedrückt.

»Zement«, sagte der Mann wieder, diesmal in sinkendem Tonfall. Mein Vater nickte. Ich steckte das Comic zusammengefaltet hinten in die Tasche und ging den drei Männern auf dem Weg bis zum Lastwagen nach. Mein Vater stellte sich auf die Zehenspitzen, um über die Seitenwand zu blicken, nahm die Pfeife aus dem Mund und nickte nochmals. Der Mann, der bis jetzt noch nichts gesagt hatte, schlug hart mit der Handkante zu. Ein Stahlbolzen sprang weg, und eine Seitenwand des Lastwagens klappte mit großem Lärm herunter. Die prallgefüllten Zementsäcke lagen in zwei Reihen auf der Ladefläche. Mein Vater zählte sie, sah auf seine Schreibplatte und sagte: »Fünfzehn.« Die zwei Männer brummten. Mir gefiel diese Art Unterhaltung. Ich sagte auch »Fünfzehn« vor mich hin. Die Männer nahmen jeder einen Sack auf die Schulter, und wir gingen wieder zurück, diesmal ich voran und mein Vater hinterher. Hinter der Hausecke deutete er mit dem nassen Pfeifenstiel auf die Kohlenluke. Die Männer wuchteten ihre Säcke in den Keller und gingen zum Lastwagen, um neue zu holen. Mein Vater machte auf der Schreibplatte ein Kreuz mit dem Bleistift, der an einem Stück Schnur daran baumelte. Er wippte wartend auf den Absätzen. Ich lehnte mich an den Zaun. Ich wußte nicht, wofür der Zement bestimmt war, und wollte aus dieser angespannt arbeitenden Gemeinschaft nicht ausgeschlossen werden durch mein Unwissen. Ich zählte die Säcke mit, und als alle unten waren, stand ich neben meinem Vater, als er den Lieferschein unterschrieb. Dann ging er wortlos ins Haus.

Am Abend stritten sich meine Eltern wegen der Zementsäcke. Meine Mutter, ein ruhiger Mensch, war außer sich. Sie wollte, daß mein Vater das ganze Zeug wieder zurückschickte. Wir waren gerade mit dem Abendessen fertig. Während meine Mutter redete, nahm mein Vater ein Taschenmesser und schabte damit schwarze Brocken aus dem Pfeifenkopf auf sein Essen, das er kaum angerührt hatte. Er wußte, wie er seine Pfeife gegen sie einsetzen konnte. Sie hielt ihm vor, wie wenig Geld wir hätten und daß Tom bald neue Kleider für den Schulanfang bräuchte. Er steckte die Pfeife wie einen fehlenden Teil seiner Anatomie zwischen die Zähne zurück und unterbrach sie: es komme »nicht in Frage«, die Säcke zurückzuschicken, und damit Schluß. Da ich den Lastwagen, die schweren Säcke und die Männer, die sie gebracht hatten, selbst gesehen hatte, gab ich ihm dem Gefühl nach recht. Aber wie wichtigtuerisch und lächerlich er aussah, als er das Ding aus dem Mund nahm, am Kopf festhielt und den schwarzen Stiel auf meine Mutter richtete. Sie wurde immer wütender, die Stimme erstickte ihr vor Erbitterung. Julie, Sue und ich verzogen uns nach oben in Julies Zimmer und machten die Tür zu. Das Auf und Ab von Mutters Stimme drang durch den Boden zu uns herauf, aber die Worte wurden verschluckt.

Sue lag auf dem Bett und kicherte, die Fingerknöchel im Mund, während Julie einen Stuhl vor die Tür schob. Zusammen zogen wir Sue rasch aus, und als wir ihr die Unterhose herunterstreiften, berührten sich unsere Hände. Sue war ziemlich dünn. Ihre Haut spannte sich straff über den Rippen, und die harte Muskelwölbung ihrer Hinterbacken ähnelte seltsam ihren Schulterblättern. Leichter rötlicher Flaum wuchs zwischen ihren Beinen. Das Spiel ging so, daß Julie und ich Wissenschaftler waren, die ein Lebewesen aus dem Weltraum untersuchten. Wir sprachen mit abgehackten fremdländischen Stimmen und blickten uns dabei über den nackten Körper hinweg an. Von unten kam müde, monoton und beharrlich Mutters Stimme herauf. Julies Backenknochen waren stark vorgewölbt unter den Augen, was ihr den tiefen Blick eines seltenen, wildlebenden Tieres gab. Im elektrischen Licht waren ihre Augen schwarz und groß. Die sanfte Linie ihres Mundes wurde nur von zwei Vorderzähnen unterbrochen, und sie mußte eine Schnute ziehen, um ihr Lächeln zu verbergen. Ich sehnte mich danach, meine ältere Schwester zu untersuchen, aber das war in dem Spiel nicht vorgesehen.

»Noonn?« Wir wälzten Sue auf die Seite und dann auf den Bauch. Wir strichen ihr mit den Fingernägeln über Rükken und Schenkel. Wir blickten ihr mit einer Taschenlampe in den Mund und zwischen die Beine und fanden die kleine Blume aus Fleisch.

»Was sagen Sä dazo, Herr Doktor?« Julie strich mit einem angefeuchteten Finger darüber, und ein leichtes Zittern lief Sues knochiges Rückgrat entlang. Ich sah genau zu. Ich befeuchtete meinen Finger und ließ ihn über den von Julie gleiten.

»Nächts Ärnstes«, sagte sie schließlich und drückte den Schlitz mit Zeigefinger und Daumen zu. »Aber wir wärden die weitere Äntwäcklonk verfolgen, wie?«

Sue drängte uns weiterzumachen. Julie und ich sahen einander wissend an und wußten nichts.

»Julie ist dran«, sagte ich.

»Nein«, sagte sie wie immer. »Du bist dran.«

Auf dem Rücken liegend, bettelte Sue weiter. Ich ging durchs Zimmer, hob ihren Rock auf und schmiß ihn auf sie. »Kommt nicht in Frage«, sagte ich durch eine nicht vorhandene Pfeife. »Und damit Schluß.«

Ich schloß mich im Bad ein und setzte mich auf den Rand der Wanne, die Hosen hingen an den Knöcheln. Ich dachte an Julies hellbraune Finger zwischen Sues Beinen, während ich mich zu meinem schnellen, trockenen Stich von Lust brachte. Ich blieb vornübergebeugt sitzen, nachdem sich der Krampf gelöst hatte, und wurde mir bewußt, daß die Stimmen unten schon lange verstummt waren.

Am nächsten Morgen ging ich mit meinem jüngeren Bruder Tom hinunter in den Keller. Er war groß und in eine Reihe von nutzlosen Räumen unterteilt. Tom klammerte sich an mich, als wir die Steintreppen hinunterstiegen. Er hatte von den Zementsäcken erfahren und wollte sie jetzt sehen. Die Kohlenluke führte in den größten der Räume, und die Säcke lagen so, wie sie heruntergefallen waren, über die Kohlenreste vom letzten Jahr verstreut. An der einen Wand stand eine massige Blechkiste, die irgend etwas mit Vaters kurzer Militärzeit zu tun hatte und eine Weile dazu diente, den Koks von der Kohle getrennt zu lagern. Tom wollte hineinsehen, also hob ich den Deckel für ihn hoch. Die Kiste war leer und geschwärzt, so schwarz, daß wir in dem staubigen Licht den Boden nicht sehen konnten. Tom, der glaubte, in ein tiefes Loch zu starren, hielt sich am Rand fest, rief in den Kasten hinein und wartete auf das Echo. Als nichts passierte, wünschte er die anderen Räume zu sehen. Ich führte ihn zu einem näher an der Treppe. Die Tür hing kaum mehr in den Angeln, und als ich sie aufstieß, fiel sie ganz heraus. Tom lachte und bekam nun doch sein Echo aus dem Raum, in dem wir vorher gewesen waren. Hier lagen Pappkartons mit schimmligen Kleidern, von denen mir keins bekannt vorkam. Tom fand einige seiner alten Spielsachen. Er drehte sie verächtlich mit dem Fuß um und erklärte mir, sie wären etwas für Babies. Hinter der Tür lag in einem Haufen ein altes Messing-Gitterbett, in dem wir alle irgendwann schon geschlafen hatten. Tom wollte, daß ich es für ihn zusammensetzte, und ich erklärte ihm, Gitterbetten wären auch etwas für Babies.

Am Fuß der Treppe trafen wir unseren Vater, der gerade herunterkam. Ich solle, sagte er, bei den Säcken mit anpakken. Wir gingen mit ihm in den großen Raum zurück. Tom hatte Angst vor Vater und hielt sich ein gutes Stück hinter mir. Julie hatte kürzlich zu mir gesagt, jetzt, wo Vater Halbinvalide sei, müsse er mit Tom um Mutters Aufmerksamkeit konkurrieren. Das war ein sonderbarer Gedanke, und ich dachte lange darüber nach. So einfach, so grotesk, Konkurrenz zwischen einem kleinen Jungen und einem erwachsenen Mann. Später fragte ich Julie, wer gewinnen würde, und sie sagte, ohne zu zögern: »Tom natürlich, und Daddy wird's an ihm auslassen.«

Und er war streng mit Tom, nörgelte und stichelte dauernd an ihm herum. Er setzte Mutter ähnlich gegen Tom ein wie seine Pfeife gegen sie. »Sprich nicht in diesem Ton mit deiner Mutter« oder: »Sitz gerade, wenn deine Mutter mit dir redet.« Sie nahm das alles schweigend hin. Wenn Vater dann aus dem Zimmer ging, lächelte sie Tom kurz zu oder strich ihm die Haare glatt. Jetzt blieb Tom ein Stück vor der Tür stehen und sah zu, wie wir die einzelnen Säcke gemeinsam über den Boden schleiften und sie in zwei ordentlichen Reihen an der Wand stapelten. Seit seinem Herzanfall durfte mein Vater solche Arbeit nicht mehr machen, aber ich sorgte dafür, daß er genausoviel trug wie ich.

Wenn wir uns bückten und jeder von uns nach einem Sackzipfel griff, merkte ich, wie er darauf wartete, daß ich ihm die Last abnahm. Aber ich sagte: »Eins, zwei, drei . . .« und zog erst, wenn ich ihn den Arm anspannen sah. Wenn ich mehr für ihn tun sollte, dann wollte ich es von ihm laut und deutlich bestätigt haben. Als wir fertig waren, traten wir zurück, wie Arbeiter das tun, und betrachteten unser Werk. Mein Vater stützte sich mit der Hand gegen die Wand und atmete schwer. Ich atmete absichtlich, so leicht ich konnte, durch die Nase, obwohl mir dabei schwindlig wurde. Die Hände stützte ich lässig in die Hüften. »Zu was brauchst du das alles?« Ich glaubte, ich hätte jetzt ein Recht zu fragen.

Er schnappte zwischen Atemstößen nach Worten. »Für . . .

den Garten.« Ich wartete auf eine Fortsetzung, aber nach einer Pause wandte er sich zum Gehen. In der Tür griff er nach Toms Arm. »Sieh bloß, wie deine Hände wieder aussehen«, jammerte er, ohne zu merken, was er mit seiner Hand auf Toms Hemd anrichtete. »Los jetzt, hinauf mit dir.« Ich blieb noch einen Augenblick und drehte dann das Licht aus. Als er das Knipsen hörte, so schien mir, blieb mein Vater am Treppenende stehen und mahnte mich streng, auch ja das Licht richtig auszumachen, bevor ich nach oben ging.

»Hab ich doch grade«, sagte ich gereizt. Aber er hustete laut im Hinaufgehen.

Er hatte seinen Garten weniger angelegt als konstruiert, nach Plänen, die er manchmal abends auf dem Küchentisch ausbreitete; wir sahen ihm dann über die Schulter. Schmale Plattenpfade waren in kunstvollen Kurven unterwegs zu Blumenbeeten, die nur ein paar Schritte entfernt lagen. Ein Pfad wand sich in Spiralen an einem Steingarten empor, als wäre es ein Gebirgspaß. Einmal ärgerte sich Vater, als er sah, daß Tom den Steingarten hochstieg, indem er den Pfad wie eine kurze Stiege benutzte. »Geh ordentlich hinauf«, schrie er aus dem Küchenfenster.

Ein Rasen von der Größe eines Bridgetisches war einen knappen Meter erhöht auf einem Felshaufen angelegt. An seinem Rand war gerade Platz genug für eine einzelne Reihe Ringelblumen. Er nannte das als einziger den »hängenden Garten«. Genau in der Mitte des hängenden Gartens stand ein tanzender Pan aus Gips. Da und dort waren unvermutete Treppen, runter, dann rauf. Es gab einen Teich mit blauem Plastikgrund. Einmal brachte er zwei Goldfische in einer Plastiktüte mit. Die Vögel fraßen sie noch am selben Tag. Die Wege waren so schmal, daß man leicht das Gleichgewicht verlieren und in die Blumenbeete fallen konnte. Von Blumen wollte er, daß sie ordentlich und symmetrisch waren. Tulpen hatte er am liebsten und pflanzte sie in wohl bemessenen Abständen. Büsche, Efeu oder Rosen mochte er nicht. Er duldete kein Gewirr. Rechts und links von uns waren die Häuser abgerissen worden, und im Sommer wucherte auf den leeren Grundstücken üppig das Unkraut mit seinen Blüten. Vor seinem ersten Herzinfarkt hatte er um seine eigene kleine Welt eine hohe Mauer bauen wollen.

In der Familie gab es einige Standardwitze, von meinem Vater aufgebracht und beibehalten. Gegen Sue, weil sie fast unsichtbare Augenbrauen und Wimpern hatte, gegen Julie, weil sie unbedingt eine berühmte Sportlerin werden wollte, gegen Tom, weil er manchmal sein Bett vollpißte, gegen Mutter, weil sie schwach war im Rechnen, und gegen mich, weil ich damals die ersten Pickel kriegte. Einmal beim Abendessen reichte ich ihm einen Teller, und er bemerkte, er wolle nicht, daß sein Essen meinem Gesicht zu nahe käme. Das Gelächter war prompt und rituell. Weil Witzchen dieser Art immer von meinem Vater inszeniert waren, richteten sie sich nie gegen ihn. Am gleichen Abend schlossen Julie und ich uns in ihrem Zimmer ein und machten uns daran, ganze Seiten mit plumpen, überstrapazierten Witzen vollzuschreiben. Alles, was uns einfiel, kam uns komisch vor. Wir fielen aus dem Bett auf den Boden, hielten uns die Seiten und kreischten vor Vergnügen. Draußen hämmerten Tom und Sue an die Tür und wollten hereingelassen werden. Unsere besten Witze, glaubten wir, waren die mit Frage und Antwort. Mehrere galten Vaters Verstopfung. Aber wir kannten die wahre Zielscheibe. Wir wählten den besten aus, feilten und probten ihn. Dann warteten wir ein, zwei Tage. Es war beim Abendessen, und zufällig kam er auch wieder mit einem Späßchen über meine Pickel daher. Wir warteten, bis Tom und Sue nicht mehr lachten. Mein Herz schlug so heftig, daß es mir schwerfiel, den beiläufigen Gesprächston zu finden, den wir eingeübt hatten. Ich sagte: »Heute hab ich was im Garten gesehen, das hat mich richtig erschreckt.«

»So«, sagte Julie. »Was denn?«

»Eine Blume.«

Niemand schien uns zu hören. Tom führte Selbstgespräche, Mutter goß etwas Milch in ihre Tasse, und Vater bestrich weiter das Stück Brot vor ihm mit Butter. Sobald die Butter sich über die Rinde hinausverirrte, faltete er sie mit einer schnellen, gleitenden Messerbewegung wieder zurück. Ich überlegte, ob wir es noch einmal lauter sagen sollten, und sah zu Julie hinüber. Sie wich meinem Blick aus. Vater aß sein Brot auf und ging aus dem Zimmer. Mutter sagte: »Das war ausgesprochen überflüssig.«

»Was denn?« Aber mit mir sprach sie nicht mehr. Über Vater wurden keine Witze gerissen, denn sie waren nicht komisch. Er war beleidigt. Ich hatte Schuldgefühle und wollte doch verzweifelt in Hochstimmung sein. Ich versuchte Julie von unserem Sieg zu überzeugen, damit sie dann ihrerseits mich überzeugte. Wir ließen Sue am Abend heraufkommen und zwischen uns liegen, aber das Spiel machte uns keinen Spaß. Sue war gelangweilt und verzog sich. Julie war dafür, daß wir uns entschuldigten, es irgendwie wieder ausbügelten. Dazu konnte ich mich nicht durchringen, aber als er zwei Tage darauf wieder zum erstenmal mit mir redete, war ich sehr erleichtert. Danach wurde der Garten lange nicht mehr erwähnt, und wenn Vater seine Pläne auf dem Küchentisch ausbreitete, betrachtete er sie alleine. Nach seinem ersten Herzanfall hörte er mit der Gartenarbeit ganz auf. Unkraut trieb aus den Sprüngen in den Steinplatten, ein Teil des Steingartens stürzte ein, und der kleine Teich trocknete aus. Der tanzende Pan fiel um und zerbrach in zwei Stücke, aber es wurde nicht darüber gesprochen. Die Möglichkeit, Julie und ich könnten für diesen Vorfall verantwortlich sein, erfüllte mich mit Schauder und Entzücken.

Kurz nach dem Zement kam der Sand. Ein hellgelber Haufen füllte eine Ecke des Vorgartens aus. Es stellte sich heraus, wohl über meine Mutter, daß geplant war, das Haus, vorn wie hinten, mit einer gleichmäßigen Betondecke zu umgeben. Eines Abends bestätigte mein Vater das.

»Es sieht dann ordentlicher aus«, sagte er. »Ich kann den Garten jetzt nicht mehr pflegen« – er klopfte sich mit der Pfeife links auf die Brust –, »und eure Mutter hat dann nicht mehr den Dreck auf ihren sauberen Böden.« Er war von der Vernünftigkeit seiner Idee so überzeugt, daß keiner gegen den Plan etwas sagte, weniger aus Angst, sondern weil es so peinlich war. Ich fand an einer großen Betonfläche um das Haus sogar Gefallen. Man konnte Fußball darauf spielen. Ich sah darauf Hubschrauber landen. Aber überhaupt Beton zu mischen und über einen eingeebneten Garten auszubreiten war eine faszinierende Schandtat. Meine Aufregung wuchs noch, als Vater davon sprach, einen Zementmischer auszuleihen.

Den muß ihm meine Mutter ausgeredet haben, denn eines Sonnabendmorgens im Juni gingen wir mit zwei Schaufeln an die Arbeit. Im Keller schlitzten wir einen der Papiersäcke auf und füllten einen Zinkeimer mit dem blaßgrauen Pulver. Dann ging mein Vater hinaus, um mir den Eimer abzunehmen, den ich ihm durch die Kohlenluke hinaufreichte. Als er sich vornüberbeugte, war er ein Schattenriß vor dem weißen, ausdruckslosen Himmel dahinter. Er schüttete das Pulver auf den Pfad und gab mir den Eimer zum Nachfüllen zurück. Als wir genug davon hatten, holte ich eine Schubkarre voll Sand aus dem Vorgarten und schüttete ihn zum Haufen dazu. Vater wollte um die eine Hausseite einen festen Weg anlegen, damit man den Sand leichter zum hinteren Garten bringen konnte. Außer seinen spärlichen, knappen Anweisungen sprachen wir nichts. Es gefiel mir, daß wir beide so genau wußten, was zu tun war und was der andere gerade dachte, daß wir nicht zu reden brauchten. Endlich einmal fühlte ich mich wohl mit ihm zusammen. Während ich mit dem Eimer Wasser holte, machte er aus Zement und Sand einen Hügel mit einer Mulde in der Mitte. Ich übernahm das Mischen, und er goß das Wasser zu. Er zeigte mir, wie ich die Hebelwirkung verbessern konnte, wenn ich mich mit dem Unterarm innen am Knie abstützte. Ich tat so, als hätte ich das schon gewußt. Als die Mischung gleichmäßig war, verteilten wir sie auf dem Boden. Dann kniete sich mein Vater hin und glättete mit der Breitseite eines kurzen Bretts die Oberfläche. Ich stützte mich hinter ihm auf meine Schaufel. Er stand auf, hielt sich am Zaun fest und schloß die Augen. Als er sie wieder öffnete, blinzelte er, als wäre er überrascht, sich hier zu finden, und sagte: »Na, dann wollen wir mal weitermachen.« Wir wiederholten den Vorgang: die Eimerladungen durch die Kohlenluke, die Schubkarre, das Wasser, das Mischen, Verteilen und Glätten.

Bei der vierten Runde wurden meine Bewegungen von Langeweile und den altbekannten Sehnsüchten langsamer. Ich gähnte des öfteren und fühlte mich schwach in den Kniekehlen. Im Keller steckte ich die Hände in die Unterhose. Ich fragte mich, wo meine Schwestern waren. Warum halfen sie nicht mit? Ich reichte meinem Vater einen Eimer voll hinaus und sagte zu seinem Umriß, ich müßte aufs Klo. Er seufzte und machte dabei ein Geräusch mit der Zunge gegen den Gaumen. Oben angekommen, seiner Ungeduld bewußt, bearbeitete ich mich hastig. Wie immer hatte ich dabei das Bild von Julies Hand zwischen Sues Beinen vor mir. Von unten konnte ich das Scharren der Schaufel hören. Mein Vater mischte den Zement selber. Dann geschah es, es erschien ganz plötzlich auf meinem Handgelenk, und obwohl ich aus Witzen und Biologieschulbüchern davon wußte und seit vielen Monaten darauf gewartet hatte, in der Hoffnung, nicht anders als die andern zu sein, war ich jetzt doch erstaunt und bewegt. Auf dem flaumigen Haar, hingezogen über den Rand eines grauen Betonflecks, schimmerte eine kleine flüssige Spur, nicht milchig, wie ich gedacht hatte, sondern farblos. Ich tupfte mit der Zunge daran, und es schmeckte nach nichts. Ich starrte es lange an, von ganz nah, um die kleinen Dinger mit den langen flimmernden Schwänzchen zu finden. Wie ich es betrachtete, trocknete es ein zu einer kaum sichtbaren, glänzenden Kruste, die Risse bekam, als ich mein Handgelenk beugte. Ich beschloß, sie nicht abzuwaschen.

Mir fiel ein, daß mein Vater wartete, und ich ging rasch hinunter. Als ich durch die Küche lief, standen meine Mutter, Julie und Sue herum und redeten. Sie schienen mich nicht zu bemerken. Mein Vater lag mit dem Gesicht nach unten auf dem Boden, sein Kopf ruhte auf dem frisch verteilten Beton. Das Brett zum Glätten hielt er in der Hand. Ich ging langsam näher und wußte, daß ich nach Hilfe laufen mußte. Mehrere Sekunden lang konnte ich mich nicht wegbewegen. Ich starrte voller Staunen, wie wenige Minuten zuvor auch. Ein schwacher Luftzug lüpfte einen losen Zipfel von seinem Hemd. Anschließend gab es viel Lärm und Hin und Her. Ein Krankenwagen kam, und meine Mutter fuhr darin weg mit meinem Vater, der unter einer roten Decke auf einer Trage lag. Im Wohnzimmer weinte Sue, und Julie tröstete sie. In der Küche spielte das Radio. Als der Krankenwagen fort war, ging ich nach draußen, um unseren Pfad anzuschauen. Ich hatte keinen Gedanken im Kopf, als ich das Brett aufhob und Vaters Abdruck in dem weichen, frischen Beton sorgfältig wegglättete.

2

Im Jahr darauf trainierte Julie, um in die Leichtathletikmannschaft ihrer Schule zu kommen. Die lokalen Rekorde im 100- und 220-Yards-Sprint in der Gruppe der Unterachtzehnjährigen hatte sie schon. Sie konnte schneller laufen als irgend jemand, den ich kannte. Vater hatte sie nie ernst genommen, er sagte, rennen wäre etwas Dämliches für ein Mädchen, und nicht lange vor seinem Tod weigerte er sich, mit uns zu einer Sportveranstaltung zu kommen. Wir setzten ihm heftig zu, sogar Mutter beteiligte sich. Er lachte über unsere Erbitterung. Vielleicht wollte er wirklich noch hingehen, aber wir ließen ihn allein und waren beleidigt. Weil wir ihn an dem betreffenden Tag nicht noch mal aufforderten mitzukommen, vergaß er es, und sein letzter Lebensmonat ging vorbei, ohne daß er seine ältere Tochter als Star des Sportplatzes gesehen hätte. So entgingen ihm ihre hellbraunen schlanken Beine, die wie Klingen über den Rasen flitzten, und ich, Tom, Mutter und Sue, wie wir durch die Absperrung rannten und Julie abküßten, als sie ihr drittes Rennen gewann.

Abends blieb sie oft zu Hause und wusch sich die Haare oder bügelte den marineblauen Faltenrock ihrer Schuluniform. Sie gehörte zu der Handvoll verwegener Mädchen an der Schule, die gestärkte weiße Petticoats unter dem Rock trugen, damit sie sich bauschten und hochwirbelten, wenn sie sich auf den Absätzen drehten. Sie trug Strümpfe und schwarze Schlüpfer, was streng verboten war. Fünf Tage in der Woche hatte sie eine saubere weiße Bluse. Manchmal band sie am Morgen ihr Haar im Nacken mit einem strahlendweißen Band zusammen. Das alles erforderte jeden Abend erhebliche Vorbereitungen. Ich lungerte gewöhnlich herum, sah ihr am Bügelbrett zu und fiel ihr auf die Nerven.

Sie war mit einigen Jungen in der Schule befreundet, aber ließ sie nie wirklich an sich heran. Es war eine unausgesprochene Familienregel, daß keiner von uns je Freunde nach Hause brachte. Ihre engsten Freundschaften hatte sie mit Mädchen, den aufsässigsten, die schon einen Ruf hatten. Ich sah sie manchmal in der Schule weit weg am Ende eines

Gangs, umgeben von einer lärmenden kleinen Gruppe. Aber Julie selbst gab wenig von sich preis, sie beherrschte ihre Gruppe und festigte ihr Ansehen durch ihr einschüchterndes, jegliche Unterhaltung sprengendes Schweigen. Ich stand als Julies Bruder in einem gewissen Ansehen in der Schule, aber nie sprach sie dort mit mir oder nahm meine Anwesenheit zur Kenntnis.

Irgendwann in dieser Zeit hatten sich die Pickel auf meinem Gesicht so gründlich eingenistet, daß ich alle festen Regeln der Körperpflege aufgab. Ich wusch mir Gesicht und Haare nicht mehr, noch schnitt ich mir die Nägel oder badete ich. Ich hörte auf, mir die Zähne zu putzen. In ihrer ruhigen Art tadelte mich meine Mutter dafür fortgesetzt, aber ich fühlte mich mit Stolz ihrer Aufsicht entwachsen. Wenn mich jemand wirklich mochte, war mein Argument, dann würde er mich auch akzeptieren, wie ich war. Frühmorgens kam meine Mutter in mein Schlafzimmer und wechselte meine schmutzigen Kleider gegen saubere aus. An den Wochenenden lag ich bis nachmittags im Bett und machte dann lange, einsame Spaziergänge. Abends sah ich Julie zu, hörte Radio oder saß einfach so da. Ich war mit niemand in der Schule eng befreundet.

Ich starrte mich oft in Spiegeln an, manchmal eine ganze Stunde lang. Eines Morgens, kurz vor meinem fünfzehnten Geburtstag, suchte ich in der Düsternis unserer riesigen Diele nach meinen Schuhen, als ich mich in einem mannshohen Spiegel erblickte, der an der Wand lehnte. Mein Vater hatte ihn immer einmal festdübeln wollen. Buntes Licht aus dem farbigen Glas über der Haustür beleuchtete von hinten einzelne Strähnen meines Haars. Das gelbliche Halbdunkel verdeckte die Höcker und Krater auf meiner Haut. Ich kam mir edel und einzigartig vor. Ich starrte mein eigenes Bild an, bis es anfing, sich von mir zu lösen und mich mit seinem Blick zu lähmen. Es wich zurück und kehrte wieder mit jedem Schlag meines Herzens, und eine dunkle Aura pulsierte über seinem Kopf und seinen Schultern. »Stark«, sagte es zu mir. »Stark.« Und dann lauter: »Scheiße ... Pisse ... Arsch.« Aus der Küche rief mich meine Mutter müde mahnend.

Ich nahm mir einen Apfel aus einer Obstschale und ging in die Küche. Ich lümmelte mich gegen den Türrahmen, sah der Familie beim Frühstück zu, warf den Apfel hoch und ließ ihn dann hart auf meiner Handfläche aufklatschen. Julie und Sue aßen, in Schulbücher vertieft. Meine Mutter, ausgelaugt von einer weiteren schlaflosen Nacht, aß nichts. Ihre eingesunkenen Augen waren grau und wäßrig. Greinend vor Erbitterung, versuchte Tom, seinen Stuhl näher an den ihren zu schieben. Er wollte bei ihr auf dem Schoß sitzen, aber sie klagte, er sei ihr zu schwer. Sie rückte ihm den Stuhl zurecht und fuhr sich mit den Fingern durchs Haar.

Es ging darum, ob Julie mit mir zur Schule gehen würde; früher waren wir jeden Morgen zusammen gegangen, aber jetzt wollte sie lieber nicht mehr mit mir gesehen werden. Ich spielte weiter mit dem Apfel und bildete mir ein, sie würde nervös davon. Mutter sah mir unbeirrt zu.

»Komm jetzt, Julie«, sagte ich schließlich.

Julie goß sich Tee nach. »Ich habe noch zu tun«, sagte sie nachdrücklich. »Geh du schon.«

»Und wie ist es mit dir, Sue?«

Meine jüngere Schwester schaute aus dem Buch nicht auf. »Ich geh später.«

Meine Mutter mahnte mich sanft, daß ich noch nicht gefrühstückt hätte, aber da war ich schon halb durch die Diele. Ich knallte die Haustur zu und ging über die Straße. Früher hatten an unserer Straße lauter Häuser gestanden. Jetzt stand unser Haus auf freiem Gelände, wo Brennesseln zwischen Wellblechfetzen wuchsen. Die übrigen Häuser hatte man für eine Stadtautobahn abgerissen, die dann nie gebaut wurde. Manchmal kamen Kinder von den Hochhäusern und spielten bei unserem Haus, aber meistens gingen sie die Straße weiter bis zu den leerstehenden Fertighäusern, wo sie die Wände umschmissen und mitnahmen, was sie finden konnten. Einmal hatten sie eins angezündet, und niemand hatte sich groß drum gekümmert. Unser Haus war alt und geräumig. Es sollte in der Bauart ein wenig wie ein Schloß wirken, mit dicken Mauern, niedrigen Fenstern und Zinnen über der Haustür. Von der anderen Straßenseite her sah es aus wie ein Gesicht, das sich konzentriert, sich an etwas erinnern will.

Nie kam jemand bei uns zu Besuch. Weder meine Mutter noch mein Vater bei seinen Lebzeiten hatten wirkliche Freunde außerhalb der Familie. Sie waren beide Einzelkinder, und meine Großeltern waren alle tot. Meine Mutter hatte entfernte Verwandte in Irland, aber die hatte sie seit ihrer Kindheit nicht mehr gesehen. Tom hatte ein paar Freunde, mit denen er manchmal auf der Straße spielte, aber wir ließen ihn sie nie mit ins Haus bringen. Es gab jetzt nicht einmal mehr einen Milchmann in unserer Straße. Soweit ich mich erinnerte, waren unsere letzten Besucher die Sanitäter gewesen, die meinen Vater abgeholt hatten.

Ich blieb einige Minuten lang stehen und überlegte, ob ich wieder hineingehen und zu meiner Mutter etwas Versöhnliches sagen sollte. Ich wollte gerade weitergehen, als sich die Haustür öffnete und Julie herausschlüpfte. Sie trug ihren Schulregenmantel aus schwarzem Gabardine, den Gürtel fest um die Taille gezogen und den Kragen hochgestellt. Sie drehte sich schnell um und erwischte die Haustür grade noch, bevor sie zuknallte, und ihr Mantel, Rock und Unterrock wirbelten mit ihr herum: der gewünschte Effekt. Sie hatte mich noch nicht gesehen. Ich sah ihr zu, wie sie sich die Schultasche über die Schulter warf. Julie konnte rennen wie der Wind, aber gewöhnlich ging sie, als schliefe sie, im

Schneckentempo, mit aufrechtem Rücken und sehr geradlinig. Sie schien oft tief in Gedanken, aber wenn wir sie fragten, behauptete sie immer, sie hätte nichts im Kopf.

Sie sah mich erst, als sie auf der anderen Straßenseite war, und schaute dann halb lächelnd, halb schmollend drein und schwieg. Ihr Schweigen machte uns allen etwas Angst vor ihr, aber auch da behauptete sie, mit vor Versonnenheit melodischer Stimme, *sie* hätte die Angst. Es stimmte, sie war schüchtern – einem Gerücht zufolge wurde sie jedesmal rot, wenn sie vor der Klasse was sagte –, aber sie hatte die ruhige Kraft und Distanziertheit und lebte in der abgesonderten Welt derer, die insgeheim auch wissen, daß sie ungewöhnlich schön sind. Ich ging neben ihr her, und sie blickte starr vor sich hin, den Rücken gerade wie ein Lineal und die Lippen leicht geschürzt.

Hundert Meter weiter mündete unsere Straße in eine andere. Einige Reihenhäuser standen hier noch. Die übrigen, und alle Häuser in der nächsten Querstraße, waren abgerissen worden, um Platz zu schaffen für vier zwanzigstöckige Hochhäuser. Diese standen auf weiten, aufgesprungenen Asphaltbuchten, aus denen das Unkraut wuchs. Sie sahen noch älter und trauriger aus als unser Haus. An ihren Betonwänden zogen sich in ganzer Länge riesige, fast schwarze Flecken hin, die vom Regen kamen. Sie trockneten nie aus. Als Julie und ich am Ende unserer Straße anlangten, packte ich sie mit einem Sprung beim Handgelenk und sagte: »Gestatten Sie, Ihre Schultasche.« Julie riß ihren Arm los und ging weiter. Ich tänzelte rückwärts vor ihr herum. Ihr brütendes Schweigen ließ mich immer zu einem Quälgeist werden.

»Willste raufen? Willste 'n Wettlauf?« Julie senkte den Blick und setzte ihren Weg fort. Ich sagte in normalem Tonfall: »Was hast du?«

»Nichts.«

»Bist du sauer?«

»Ja.«

»Auf mich?«

»Ja.«

Ich blieb einen Moment still, bevor ich weitersprach. Julie war schon dabei, mir zu entgleiten, vertieft in irgendwelche Gedankenbilder ihres Ärgers. Ich sagte: »Wegen Mammi?« Wir waren auf der Höhe des ersten Wohnblocks und konnten in die Vorhalle hineinsehen. Ein Rudel Kinder aus einer anderen Schule stand am Liftschacht versammelt. Sie lehnten an den Wänden, ohne zu reden. Sie warteten darauf, daß jemand mit dem Aufzug herunterkam.

Ich sagte: »Gut, dann geh ich zurück.« Ich blieb stehen. Julie zuckte mit den Achseln und machte mit einer plötzlichen Handbewegung deutlich, daß sie mich zurückließ.

Auf dem Rückweg zu unserer Straße traf ich Sue. Sie ging mit einem offenen Buch vor sich. Ihren Schulranzen hatte sie fest und hoch an den Schultern festgeschnallt. Tom ging ein paar Meter hinter ihr. So wie er dreinschaute, war mir klar, daß es schon wieder eine Szene gebraucht hatte, um ihn aus dem Haus zu bekommen. Sue gegenüber fühlte ich mich unbeschwerter. Sie war zwei Jahre jünger als ich, und falls sie Geheimnisse hatte, fühlte ich mich davon wenigstens nicht eingeschüchtert. Einmal entdeckte ich in ihrem Zimmer eine Tinktur, mit der sie ihre Sommersprossen »auflösen« wollte. Sie hatte ein langes, zartes Gesicht, farblose Lippen und kleine, müde blickende Augen mit blonden, fast unsichtbaren Wimpern. Mit ihrer hohen Stirn und ihren struppigen Haaren sah sie manchmal wirklich wie ein Mädchen von einem anderen Stern aus. Wir blieben nicht stehen, aber als wir aneinander vorbeigingen, blickte Sue vom Buch auf und sagte: »Du kommst zu spät.« Und ich murmelte: »Was vergessen.« Tom war ganz mit seiner Schulangst beschäftigt und bemerkte mich nicht. Als mir klar wurde, daß Sue ihn zur Schule brachte, um Mutter den Weg zu ersparen, hatte ich noch mehr Schuldgefühle und ging schneller.

Ich ging seitlich um das Haus in den hinteren Garten und beobachtete meine Mutter durch eins der Küchenfenster. Sie saß am Tisch vor dem Durcheinander von unserem Frühstück und vier leeren Stühlen. Direkt vor ihr stand meine unberührte Schüssel Porridge. Ihre eine Hand lag im Schoß, die andere hielt sie auf dem Tisch, den Arm angewinkelt, als wollte sie gleich ihren Kopf darauf legen. Neben ihr stand eine gedrungene schwarze Flasche mit ihren Pillen. In ihrem Gesicht vermischten sich Julies Züge mit denen von Sue, als wäre sie ein Kind der beiden. Ihre Haut lag glatt und straff über ihren feinen Backenknochen. Allmorgendlich malte sie ihren Lippen einen vollendeten Bogen von tiefstem Rot auf. Aber ihre Augen, die in dunkler, wie ein Pfirsichkern runzliger Haut saßen, waren so weit in ihren Schädel gesunken, daß sie wie aus einem tiefen Brunnen zu blicken schien. Sie strich sich über die dichten dunklen Lokken am Hinterkopf. Manchmal fand ich morgens ein Büschel ihrer ausgekämmten Haare in der Kloschüssel schwimmen. Ich spülte es immer zuerst hinunter. Jetzt stand sie auf und fing an, mit dem Rücken zu mir den Tisch abzuräumen.

Als ich acht Jahre alt war, kam ich an einem Morgen von der Schule heim und tat so, als wäre ich ernstlich krank. Meine Mutter machte das Spiel nachsichtig mit. Sie zog mir meinen Schlafanzug an, trug mich auf das Sofa im Wohnzimmer und wickelte mich in eine Decke. Sie wußte, daß ich heimgekommen war, um sie in Beschlag zu nehmen, solange mein Vater und meine zwei Schwestern außer Haus waren. Vielleicht war sie froh, jemand tagsüber bei sich zu haben. Bis zum späten Nachmittag lag ich da, sah ihr bei ihrer Arbeit zu und lauschte angestrengt, wenn sie sich in einem anderen Teil des Hauses aufhielt. Ich staunte über die offensichtliche Tatsache, daß sie auch unabhängig von mir existierte. Sie machte weiter, auch wenn ich fort in der Schule war. Alles das hier tat sie. Jeder machte weiter. Damals war diese Einsicht bemerkenswert, aber nicht schmerzlich gewesen. Nun, als ich ihr zusah, wie sie sich bückte, um Eierschalen vom Tisch in den Abfalleimer zu fegen, löste bei mir dieselbe einfache Erkenntnis Trauer und Bedrohung aus in einer unerträglichen Verkoppelung. Mutter war nicht meine eigene Erfindung noch die meiner Schwestern, obwohl ich sie weiterhin erfand und nicht wahrnahm. Als sie eine leere Milchflasche wegstellte, wandte sie sich plötzlich zum Fenster. Ich trat schnell zurück. Als ich den Seitenweg entlanglief, hörte ich, wie sie die Hintertür öffnete und mich beim Namen rief. Ich erhaschte einen Blick auf sie, als sie um die Hausecke kam. Sie rief mir weiter nach, als ich mich auf der Straße davonmachte. Ich rannte den ganzen Weg und meinte über dem Lärm meiner Schuhe auf dem Pflaster ihre Stimme zu hören.

»Jack . . . Jack.«

Ich holte meine Schwester Sue ein in dem Augenblick, als sie in das Schultor einbog.

3

Ich wußte, es war morgens, und ich wußte, es war ein schlechter Traum. Wenn ich mich zusammennahm, würde ich mich aufwecken können. Ich versuchte die Beine zu bewegen, mit einem Fuß den andern zu berühren. Schon eine leichte Empfindung wäre genug, um mich in der Welt außerhalb meines Traums durchzusetzen. Ich wurde verfolgt, doch ich konnte nicht sehen, von wem. Sie hatten ein Kästchen in der Hand und wollten, daß ich hineinsähe, aber ich ging schnell weiter. Ich verharrte einen Moment und wollte wieder die Beine bewegen oder die Augen aufmachen.

Aber jemand kam mit dem Kästchen, mir blieb keine Zeit, ich mußte weiterlaufen. Dann standen wir uns gegenüber. Das Kästchen, hölzern und aufklappbar, mochte einmal teure Zigarren enthalten haben. Der Deckel war ein paar Zentimeter angehoben, es war zu dunkel, um hineinzusehen. Ich lief weiter, um Zeit zu gewinnen, und diesmal gelang es mir, die Augen zu öffnen. Bevor sie wieder zufielen, sah ich mein Zimmer; mein Schulhemd lag über einem Stuhl, ein Schuh verkehrt herum auf dem Fußboden. Da war das Kästchen wieder. Ich wußte, es war ein kleines Lebewesen darin, das mit Gewalt gefangengehalten wurde und fürchterlich stank. Ich wollte rufen, hoffte, meine Stimme würde mich wecken. Aus meiner Kehle kam kein Laut hervor, und ich konnte nicht einmal die Lippen bewegen. Der Deckel des Kästchens wurde wieder angehoben. Ich konnte mich nicht umdrehen und weglaufen, denn ich war die ganze Nacht gerannt, und nun blieb mir nichts anderes übrig, als hineinzusehen. Mit großer Erleichterung hörte ich die Zimmertür aufgehen und Schritte auf dem Boden näher kommen. Jemand saß auf meiner Bettkante, direkt neben mir, und ich konnte die Augen öffnen.

Meine Mutter saß so, daß meine Arme unter den Bettüchern festgehalten waren. Auf dem Wecker war es halb neun, und ich würde zu spät zur Schule kommen. Meine Mutter war also schon zwei Stunden auf. Sie roch nach der hellrosa Seife, mit der sie sich immer wusch. Sie sagte: »Es ist Zeit, daß wir uns einmal aussprechen, du und ich.« Sie schlug die Beine übereinander und legte die Hände auf die Knie. Ihr Rücken war sehr gerade, wie der von Julie. Ich fühlte mich, auf dem Rücken liegend, im Nachteil und wollte mich hochstemmen. Aber sie sagte: »Du bleibst erst mal liegen.«

»Ich komme zu spät«, sagte ich.

»Du bleibst erst mal liegen«, wiederholte sie mit starker

Betonung auf dem letzten Wort, »ich möchte mit dir reden.« Mein Herz schlug sehr schnell, und ich starrte an ihr vorbei zur Decke. Ich war aus meinem Traum noch kaum heraus. »Sieh mich an«, sagte sie. »Ich möchte mir deine Augen ansehen.« Ich sah ihr in die Augen, die besorgt über mein Gesicht wanderten. Ich erblickte mein eigenes aufgeblähtes Spiegelbild.

»Hast du dir in der letzten Zeit mal deine Augen im Spiegel angesehen?« fragte sie.

»Nein«, schwindelte ich.

»Deine Pupillen sind sehr groß, weißt du das?« Ich schüttelte den Kopf. »Und du hast Säcke unter den Augen, obwohl du gerade erst aufgewacht bist.« Sie machte eine Pause. Unten konnte ich die andern frühstücken hören. »Und weißt du, woher das kommt?« Ich schüttelte wieder den Kopf, und sie machte noch eine Pause. Sie beugte sich vor und sagte drängend: »Du weißt, wovon ich rede, oder?«

Das Herz dröhnte mir in den Ohren. »Nein«, sagte ich.

»Doch, du weißt es, mein Junge. Du weißt, wovon ich rede, ich kann es dir ansehen.«

Mir blieb nichts anderes übrig, als das durch mein Schweigen zu bestätigen. Diese Strenge stand ihr überhaupt nicht; sie hatte einen gepreßten, schauspielerhaften Ton in der Stimme, nur so konnte sie die schwierige Mitteilung aussprechen.

»Glaub nicht, ich wüßte nicht, was los ist. Aus dir wird jetzt allmählich ein junger Mann, und ich bin sehr stolz darauf ... Diese Dinge hätte dir dein Vater gesagt ...« Wir sahen weg, wir wußten beide, daß das nicht stimmte. »Erwachsen werden ist schwer, aber wenn du so weitermachst, wirst du dir sehr schaden, deinem Körper schaden, der jetzt noch wachsen muß.«

»Schaden ...«, sprach ich ihr nach.

»Ja, schau dich doch an«, sagte sie mit einer sanfteren

Stimme. »Du kommst morgens nicht aus dem Bett, bist den ganzen Tag müde, du bist launisch, du wäschst dich nicht und ziehst dir keine frischen Kleider an, du bist patzig zu deinen Schwestern und zu mir. Und wir wissen beide, woher das kommt. Jedesmal . . .« Sie verlor sich, und statt mich anzusehen, starrte sie auf ihre Hände im Schoß. »Jedesmal . . . wenn du das tust, brauchst du zwei Liter Blut, um es wieder zu ersetzen.« Sie sah mich herausfordernd an.

»Blut«, flüsterte ich.

Sie beugte sich vor und küßte mich leicht auf die Wange. »Du nimmst es mir doch nicht übel, daß ich dir das sage, oder?«

»Nein, nein«, sagte ich.

Sie stand auf. »Eines Tages, wenn du einundzwanzig bist, wirst du's dir noch mal überlegen und wirst mir danken, daß ich dir das damals gesagt habe.« Ich nickte. Sie beugte sich über mich und fuhr mir liebevoll durchs Haar, dann ging sie schnell hinaus.

Meine Schwestern und ich spielten nicht mehr miteinander auf Julies Bett. Die Spiele hatten aufgehört, kurz nachdem Vater gestorben war, aber es war nicht sein Tod, der ihnen ein Ende machte. Sue fing an, sich zu zieren. Vielleicht hatte sie etwas in der Schule gelernt und schämte sich, daß sie uns an sich hatte herummachen lassen. Ich war mir nie sicher, weil wir über so etwas nicht reden konnten. Und Julie hielt jetzt noch mehr Abstand. Sie trug Make-up und hatte alle möglichen Geheimnisse. Einmal in der Schule, beim Anstellen zum Mittagessen, hörte ich, wie sie von mir als ihrem »Brüderchen« sprach, und das traf mich. Mit Mutter hatte sie lange Gespräche in der Küche, die abgebrochen wurden, wenn Tom, Sue oder ich plötzlich hereinkamen. Wie Mutter machte auch Julie Bemerkungen über mein Haar und meine Kleidung, freilich nicht sanft, sondern verächtlich.

»Du stinkst«, sagte sie immer, wenn wir uns nicht vertrugen. »Du stinkst wirklich. Warum wechselst du deine Kleider nicht?«

Bei solchen Bemerkungen wurde ich frech. »Leck mich am Arsch«, zischte ich dann und ging auf ihre Knöchel los, entschlossen, sie so lange zu kitzeln, bis sie vor Erschöpfung umfiel.

»Mammi«, rief sie dann, »Mammi, sag's Jack!« Und schon rief meine Mutter müde von da, wo sie gerade war: »Jack . . .«

Als ich Julie das letzte Mal kitzelte, hatte ich gewartet, bis Mutter zum Krankenhaus gegangen war, und mir dann ein Paar riesige, schmutzverkrustete Gartenhandschuhe, die mein Vater zuletzt getragen hatte, übergezogen und war Julie hinauf in ihr Zimmer gefolgt. Sie saß an dem kleinen Schreibtisch, den sie für ihre Hausaufgaben benutzte. Ich stand in der Tür mit den Händen auf dem Rücken.

»Was willst du?« fragte sie mit offenem Abscheu. Wir hatten zuvor unten Streit gehabt.

»Jetzt bist du dran«, sagte ich einfach und streckte meine riesigen Hände nach ihr aus, die Finger gespreizt. Allein der Anblick, wie sie auf sie zukamen, machte sie schwach. Sie wollte aufstehen, fiel aber in ihren Stuhl zurück.

»Untersteh dich«, sagte sie unter immer wieder aufsteigendem Gekicher. »Untersteh dich, du.«

Die großen Hände waren immer noch Zentimeter von ihr entfernt, und sie wand sich auf dem Stuhl und quiekte: »Nein . . . nein . . . nein.«

»Doch«, sagte ich, »deine Zeit ist um.« Ich zog sie am Arm auf ihr Bett. Sie lag mit angezogenen Knien da und hob die Hände schützend an die Kehle. Sie wagte den Blick nicht von den großen Händen zu wenden, die ich über sie hielt, bereit, über sie herzufallen.

»Laßt mich in Ruhe«, flüsterte sie. Es kam mir komisch vor, daß sie die Handschuhe anredete und nicht mich.

»Jetzt kriegen sie dich«, sagte ich und ließ die Hände ein paar Zentimeter sinken. »Aber keiner weiß, wo sie zuerst zuschlagen.« Kraftlos wollte sie meine Handgelenke festhalten, aber ich schlüpfte mit meinen Händen unter den ihren durch, und die Handschuhe klammerten sich fest um ihren Brustkorb, tief in ihren Achselhöhlen. Wie Julie lachte und lachte und nach Luft rang, lachte ich auch und genoß meine Macht. Nun kam ein Anflug von Panik in ihr Umsichschlagen. Sie konnte nicht einatmen. Sie versuchte »Bitte« zu sagen, aber in meinem Übermut konnte ich nicht aufhören. Noch immer kam Luft aus ihren Lungen mit kleinen, glucksenden Vogellauten. Eine Hand zerrte an dem groben Stoff des Handschuhs. Als ich vorrutschte, um sie besser unten halten zu können, spürte ich, wie eine warme Flüssigkeit sich über mein Knie ausbreitete. Entsetzt sprang ich vom Bett und schüttelte die Handschuhe ab. Julies letzte Auflacher verebbten zu müdem Weinen. Sie lag auf dem Rücken, Tränen rannen durch die Mulde über ihren Backenknochen und verloren sich in ihrem Haar. Im Zimmer roch es nur schwach nach Urin. Ich hob die Handschuhe vom Boden auf. Julie wandte den Kopf.

»Verschwinde«, sagte sie matt.

»Entschuldige«, sagte ich.

»Ver - schwinde.«

Tom und Sue standen in der Tür und schauten zu.

»Was ist passiert?« fragte mich Sue, als ich herauskam.

»Nichts«, sagte ich und schloß die Tür sehr leise.

Etwa zu dieser Zeit ging Mutter immer öfter abends früh zu Bett. Sie sagte, sie könne sich kaum wach halten.

»Ein paar Nächte hintereinander früh ins Bett«, sagte sie, »und ich bin wieder die alte.«

Damit war Julie für Abendessen und Schlafengehen verantwortlich. Sue und ich waren im Wohnzimmer und hörten Radio. Julie kam herein und knipste es aus. »Leer den Abfalleimer«, sagte sie zu mir, »und bring die Mülltonnen vors Haus.«

»Verpiß dich«, schrie ich, »ich habe da zugehört«, und griff nach dem Knopf.

Julie deckte ihn mit der Hand zu. Ich schämte mich noch zu sehr für meinen Überfall, um mit ihr zu kämpfen. Ein paar symbolische Worte der Widerrede, und ich war draußen und schleppte die Mülltonnen. Als ich zurückkam, stand Sue am Abwaschbecken und schälte Kartoffeln. Später, als wir uns zum Essen setzten, herrschte gespanntes Schweigen statt des üblichen Krachs. Wenn ich zu Sue hinübersah, kicherte sie. Julie sah nicht zu uns her, und wenn sie sprach, dann nur mit leiser Stimme zu Tom. Als sie den Raum für eine Weile verließ, um Essen auf dem Tablett nach oben zu bringen, gaben Sue und ich einander Fußtritte unter dem Tisch und lachten. Aber wir hörten damit auf, als wir sie zurückkommen hörten.

Tom konnte diese Abende ohne seine Mutter nicht leiden. Julie zwang ihn, seinen Teller leer zu essen, und er durfte nicht unter den Tisch krabbeln oder komische Geräusche machen. Am meisten empörte ihn, daß Julie ihn nicht zu Mutter ins Zimmer ließ, wenn sie schlief. Er kletterte gern völlig angezogen zu ihr ins Bett. Julie hielt ihn am Handgelenk fest, als er hinaufwollte. »Nichts da«, sagte sie ruhig. »Mammi schläft.« Tom fing ein fürchterliches Geheul an, aber er wehrte sich nicht, als Julie ihn zurück in die Küche zog. Auch er hatte ein wenig Angst vor ihr. Sie war auf einmal so weit weg von uns, gelassen, ihrer Autorität sicher. Ich wollte zu ihr sagen: Ach komm, Julie, hör auf, uns was vorzuspielen. Wir wissen doch, wie du wirklich bist. Und ich sah immer wieder zu ihr hin. Aber sie gab den Blick nicht zurück. Sie blieb geschäftig, und ihre Augen trafen meine nur kurz.

Ich vermied es, mit meiner Mutter allein zu sein, für den Fall, daß sie wieder mit mir reden wollte. Ich wußte aus der

Schule, daß sie falsch lag. Aber jedesmal, wenn ich jetzt dranging, ein- oder zweimal am Tag, kam mir das Bild von zwei Milchflaschen in den Sinn, voll Blut und mit Alufolie verschlossen. Ich verbrachte mehr Zeit mit Sue. Sie mochte mich anscheinend oder war jedenfalls bereit, mich nicht zu beachten. Sie verbrachte viel Zeit zu Hause in ihrem Zimmer mit Lesen, und sie hatte nie etwas dagegen, wenn ich dort herumlag. Sie las Romane über Mädchen ihres Alters, dreizehn Jahre oder so, die in ihrem Internat Abenteuer erlebten. Von der Stadtbibliothek lieh sie sich große illustrierte Bücher aus, über Dinosaurier oder Vulkane oder die Fische der tropischen Meere. Manchmal blätterte ich sie durch und sah mir die Bilder an. Von den Texten interessierte mich keiner. Ich mißtraute den Zeichnungen von den Dinosauriern und sagte Sue, niemand könne wirklich wissen, wie sie ausgesehen hätten. Sie erzählte mir von den Skeletten und all den Anhaltspunkten, die zu einer Rekonstruktion nützlich sein konnten. Wir stritten den ganzen Nachmittag. Sie wußte weit mehr als ich, doch war ich fest entschlossen, sie nicht gewinnen zu lassen. Schließlich, gelangweilt und am Ende unserer Geduld, ließen wir mißmutig voneinander ab. Aber am häufigsten unterhielten wir uns wie Verschwörer über die Familie und alle unsere anderen Bekannten und stellten genaue Betrachtungen über ihr Verhalten und Aussehen an, darüber, wie sie »eigentlich« waren. Wir fragten uns, wie krank unsere Mutter war. Sue hatte gehört, wie sie zu Julie sagte, sie wolle doch wieder zu einem andern Arzt gehen. Wir waren uns einig, daß sich unsere ältere Schwester reichlich aufspielte. Ich sah Sue jetzt nicht mehr als Mädchen. Sie war, anders als Julie, bloß eine Schwester, eine Person. An einem langen Sonntagnachmittag kam Julie herein, als wir uns gerade über unsere Eltern unterhielten. Ich hatte gesagt, sie hätten sich insgeheim gehaßt und Mutter sei erleichtert gewesen, als Vater starb. Julie setzte sich aufs Bett neben Sue, schlug die Beine übereinander und gähnte. Ich schwieg und räusperte mich.

»Nur zu«, sagte Julie, »klingt interessant.«

Ich sagte: »Es war weiter nichts.«

»Ach«, sagte Julie. Sie wurde ein wenig rot und senkte den Blick.

Nun räusperte sich Sue, und alle warteten.

Ich sagte unbedacht: »Ich sagte nur, ich glaube nicht, daß Mammi Dad je wirklich gern gehabt hat.«

»Ach nein?« sagte Julie mit gespieltem Interesse. Sie ärgerte sich.

»Ich weiß es nicht«, sagte ich. »Weißt du's vielleicht?«

»Woher soll ich das wissen?«

Wir schwiegen wieder. Dann sagte Sue: »Weil du mehr mit ihr redest als wir.«

Mit Julies Ärger wuchs ihr Schweigen. Sie stand auf, und als sie das Zimmer durchquert hatte, drehte sie sich in der Tür um und sagte ruhig: »Nur weil ihr zwei nichts mit ihr zu tun haben wollt!« Sie blieb in der Tür stehen, wartete auf eine Antwort, und dann ging sie und hinterließ einen sehr schwachen Duft von Parfüm.

Am nächsten Tag nach der Schule sagte ich zu meiner Mutter, ich wolle mit ihr einkaufen gehen.

»Es gibt nichts Besonderes zu tragen«, sagte sie. Sie stand in der düsteren Diele und band sich vor dem Spiegel ihren Schal um.

»Ein Spaziergang würde mir nicht schaden«, murmelte ich.

Wir gingen schweigend ein paar Minuten, dann hängte sie sich bei mir ein und sagte zu mir: »Bald hast du Geburtstag.«

Ich sagte: »Ja, ziemlich bald.«

»Ist es nicht aufregend, fünfzehn zu werden?«

»Weiß nicht«, sagte ich.

Während wir in einer Apotheke auf ein Medikament für meine Mutter warteten, fragte ich sie, was der Arzt gesagt hatte. Sie sah sich gerade eine Geschenkpackung mit einem Stück Seife und einer Plastikschale an. Sie legte sie zurück und lächelte fröhlich.

»Ach, die reden alle Unsinn. Bei mir sind die unten durch.« Sie nickte mit dem Kopf zur Medikamentenausgabe hin. »Solange ich nur meine Tabletten kriege.«

Ich war erleichtert. Endlich kam das Medikament in einer schweren braunen Flasche, die ich tragen wollte.

Auf dem Heimweg schlug sie vor, wir könnten zu meinem Geburtstag eine kleine Party veranstalten, zu der ich ein paar Schulfreunde einladen dürfte. »Nein«, sagte ich sofort. »Lieber nur die Familie.« Auf dem restlichen Heimweg machten wir Pläne und waren beide froh, daß wir endlich einen Gesprächsstoff hatten. Meine Mutter erinnerte sich an eine Party zu Julies zehntem Geburtstag. Ich erinnerte mich auch noch, ich war damals acht. Julie weinte, weil ihr jemand weisgemacht hatte, nach dem zehnten gäbe es keine Geburtstage mehr. Eine Zeitlang war das ein Familienwitz. Keiner erwähnte, wie mein Vater in diese und alle andern Parties eingegriffen hatte, an die ich mich erinnern konnte. Er stellte die Kinder gern in ordentlichen Reihen auf, wo sie still warten sollten, bis sie bei irgendeinem Spiel, das er vorbereitet hatte, dran waren.

Lärm und Chaos, Kinder, die ziellos rumwimmelten, irritierten ihn zutiefst. Es hatte noch nie einen Geburtstag gegeben, wo ihm nicht wegen jemand die Nerven durchgegangen wären. Bei der Party zu Sues achtem Geburtstag wollte er sie ins Bett schicken, weil sie herumalberte. Mutter mischte sich ein, und danach gab es keine Feste mehr. Für Tom hatte es noch nie eins gegeben.

Als wir an die Gartentür kamen, waren wir wieder verstummt. Während sie in der Handtasche nach dem Hausschlüssel kramte, fragte ich mich, ob sie froh war, daß wir diesmal ohne ihn feierten.

Ich sagte: »Schade, daß Daddy nicht . . .«, und sie sagte: »Der Arme. Er wäre so stolz auf dich gewesen.«

Zwei Tage vor meinem Geburtstag legte sich meine Mutter ins Bett.

»Ich stehe schon rechtzeitig wieder auf«, sagte sie, als Sue und ich zu ihr hineingingen. »Ich bin nicht krank, nur sehr, sehr müde.« Noch während sie sprach, waren ihre Augen kaum mehr geöffnet. Sie hatte bereits einen Kuchen gebakken und mit konzentrischen roten und blauen Kreisen glasiert. Genau in der Mitte stand eine einzelne Kerze. Tom fand das komisch.

»Du bist gar nicht fünfzehn«, schrie er. »Du wirst erst eins an deinem Geburtstag.«

Am frühen Morgen kam Tom in mein Zimmer und sprang auf mein Bett.

»Wach auf, wach auf, du bist eins heute.«

Beim Frühstück überreichte mir Julie kommentarlos ein kleines Ledertäschchen mit einem Metallkamm und einer Nagelschere. Sue schenkte mir einen Science-Fiction-Roman. Auf dem Umschlag war ein großes Monster mit Fangarmen dabei, ein Raumschiff zu verschlingen, dahinter war ein schwarzer, von strahlenden Sternen durchbohrter Himmel. Ich ging mit einem Tablett zu Mutters Zimmer hinauf. Als ich eintrat, lag sie auf dem Rücken, mit offenen Augen. Ich setzte mich auf die Bettkante und balancierte das Tablett auf den Knien. Sie saß, auf Kissen gestützt, da und trank ihren Tee in kleinen Schlucken. Dann sagte sie: »Alles Gute zum Geburtstag, mein Sohn. Ich kann morgens nicht sprechen, eh ich nicht etwas getrunken habe.«

Wir umarmten uns ungeschickt über der Teetasse, die sie weiter in der Hand hielt. Ich öffnete das Kuvert, das sie mir gab. In der Geburtstagskarte lagen zwei Pfundnoten. Auf der Karte war ein Stilleben fotografiert, mit einem Globus, einem Stoß ledergebundener Bücher, Angelzeug und einem Kricketball. Ich umarmte sie nochmals, und sie sagte: »Hoppla«, als die Tasse auf der Untertasse wackelte. Wir saßen eine Weile da, und sie drückte meine Hand. Ihre eigene war gelblich und dürr, wie ein Hühnerfuß, dachte ich.

Ich lag den ganzen Vormittag im Bett und las das Buch, das Sue mir geschenkt hatte. Es war der erste Roman, den ich ganz durchlas. Winzige lebentragende Sporen, die in Wolken durch Galaxien trieben, waren von den speziellen Strahlen einer sterbenden Sonne angestrahlt und zu einem riesigen Monster ausgebrütet worden, das sich von Röntgenstrahlen ernährte und die reguläre Raumfahrt zwischen der Erde und dem Mars bedrohte. Es war die Aufgabe von Commander Hunt, dieses Biest nicht nur zu vernichten, sondern auch seine riesige Leiche zu beseitigen.

»Es für immer durch das All treiben zu lassen«, erklärte ein Wissenschaftler Hunt bei einer ihrer zahlreichen Lagebesprechungen, »würde nicht nur eine Kollisionsgefahr darstellen, sondern wer weiß, was andere kosmische Strahlen anrichten würden in seinem verfaulten Rumpf? Wer weiß, welche monströse Mutation dieser Kadaver hervorbringen würde?“

Als Julie ins Zimmer kam und mir sagte, Mutter würde nicht aufstehen und wir könnten den Kuchen bei ihr am Bett essen, war ich so vertieft, daß ich sie verständnislos anstarrte.

»Tu ihr doch den Gefallen«, sagte Julie beim Hinausgehen, »und mach dich wenigstens dies eine Mal sauber.«

Am Nachmittag trugen Tom und Sue den Kuchen und die Tassen nach oben. Ich riegelte mich im Bad ein und stellte mich vor den Spiegel. Ich gehörte nicht zu denjenigen, die Commander Hunt an Bord seines Raumschiffes gelassen hätte. Ich wollte mir einen Bart stehenlassen, um meine Haut zu verdecken, aber jedes der spärlichen Haare lenkte den Blick wie ein deutender Finger auf den Pickel an seiner Wurzel. Ich ließ das Waschbecken mit heißem Wasser vollaufen und stützte mich mit meinem ganzen Gewicht auf meine eingetauchten Handflächen am Grund des Beckens. Ich ließ so oft eine halbe Stunde verstreichen, zum Spiegel hingelehnt, die Hände und Handgelenke im heißen Wasser. Näher als das kam ich dem Waschen nie. Ich verfiel statt dessen immer in Tagträume, diesmal von Commander Hunt. Als das Wasser nicht mehr heiß war, trocknete ich mir die Hände ab und nahm das kleine Lederetui aus der Hosentasche. Ich schnitt mir die Fingernägel und kämmte mein dünnes braunes Haar, wobei ich mit verschiedenen Frisuren experimentierte und am Ende beschloß, meinen Geburtstag mit einem Mittelscheitel zu feiern.

Als ich in Mutters Schlafzimmer trat, fing Sue an, »Happy Birthday« zu singen, und die andern fielen ein. Der Kuchen stand auf dem Nachttisch, und die Kerze brannte schon. Meine Mutter lag ausgestreckt, von Kissen umgeben, und obwohl sie zu dem Lied die Lippen bewegte, konnte ich ihre Stimme nicht heraushören. Als sie fertig waren, blies ich die Kerze aus, und Tom tanzte vor dem Bett herum und rief im Singsangton: »Du bist eins, du bist eins«, bis Julie ihn zum Schweigen brachte.

»Du siehst aber fesch aus«, sagte meine Mutter. »Hast du dich gebadet?«

»Ja«, sagte ich und schnitt den Kuchen an.

Sue goß Orangensaft in die Teetassen, den sie, wie sie sagte, aus vier Pfund echten Orangen gepreßt hatte.

»Alle Orangen sind doch echt, oder, Mammi?« sagte Tom.

Wir lachten, und Tom, von sich selbst begeistert, wiederholte die Bemerkung noch ein paarmal, aber mit nachlassendem Erfolg. Es war eigentlich kaum eine Party, und ich wurde ungeduldig und wollte zu meinem Buch zurück. Julie hatte vier Stühle in einem flachen Halbkreis vor der einen Bettseite aufgestellt, auf denen wir nun saßen, am Kuchen knabberten und am Saft nippten. Mutter aß und trank nichts. Julie wollte, daß etwas passierte, wir sollten unterhaltsam sein.

»Erzähl uns einen Witz«, sagte sie zu Sue, »den von gestern.«

Als Sue den Witz erzählt und Mutter gelacht hatte, sagte Julie zu Tom: »Zeig uns, wie du radschlagen kannst.«

Wir mußten die Stühle und Teller wegräumen, damit Tom auf dem Fußboden herumalbern und -kichern konnte. Nach einer Weile sagte Julie, er solle aufhören, und wandte sich dann mir zu.

»Sing uns doch ein Lied vor.«

Ich sagte: »Ich kann keine Lieder.«

»Doch kannst du welche«, sagte sie. »Wie wär's mit ›Greensleeves‹?«

Schon allein der Titel irritierte mich. »Kannst du nicht aufhören, die andern herumzukommandieren?« sagte ich. »Du bist doch nicht der liebe Gott, oder?«

Sue mischte sich ein. »Mach *du* was, Julie.«

Während Julie und ich redeten, hatte Tom sich die Schuhe ausgezogen und war zu Mutter ins Bett geklettert. Sie legte den Arm um ihn und sah uns an, als wären wir weit weg.

»Genau«, sagte ich zu Julie, »mach du mal was zur Abwechslung.«

Wortlos stürzte Julie sich in den Platz, den wir für Toms Radschlagen freigemacht hatten, und plötzlich stand ihr Körper umgekehrt da, nur von den Händen gestützt, straff und schlank und vollkommen ruhig. Der Rock fiel ihr über den Kopf. Ihr Höschen hob sich in strahlendem Weiß gegen die hellbraune Haut ihrer Beine ab, und ich konnte sehen, wie sich der Stoff um das Gummiband fältelte, das sich um ihren flachen, muskulösen Bauch spannte. Ein paar schwarze Haare kräuselten sich aus dem weißen Zwickel. Ihre Beine, die erst geschlossen waren, öffneten sich jetzt langsam wie Riesenarme. Julie brachte ihre Beine wieder zusammen, ließ sie auf den Fußboden herunter und stand auf. Einen verwirrten, wilden Augenblick später war ich aufgesprungen und sang »Greensleeves« mit bebendem, leidenschaftlichem Tenor. Als ich zu Ende war, klatschten alle, und Julie drückte mir die Hand. Mutter lächelte schlaftrunken. Alles wurde schnell aufgeräumt; Julie hob Tom aus dem Bett, Sue trug die Teller und die Überreste des Kuchens weg, und ich nahm die Stühle.

4

An einem heißen Nachmittag fand ich einen Vorschlaghammer, verborgen unter Unkraut und hohem Gras. Ich war im Garten eines der leerstehenden Fertighäuser und stocherte gelangweilt herum. Das Gebäude selber war ein halbes Jahr zuvor in Flammen aufgegangen. Ich stand in dem geschwärzten Wohnzimmer, in dem die Decke eingefallen und die Fußbodenbretter ausgebrannt waren. Eine Zwischenwand war stehengeblieben und hatte in der Mitte noch eine Durchreiche zur Küche hin. Eine ihrer kleinen Holztüren hing noch in den Angeln. In der Küche klammerten sich abgebrochene Stücke der Wasser- und der Stromleitung an die Wand, und auf dem Boden lag ein zerbrochenes Becken. In allen Zimmern strebten hohe Unkräuter ans Licht. Die meisten Häuser waren vollgestopft mit unbeweglichen Gegenständen, jeder an seinem Platz und jeder mit seinen Befehlen – da hatte man zu essen, da zu schlafen, da zu sitzen. Aber an diesem ausgebrannten Ort gab es keine Ordnung, alles war verschwunden. Ich versuchte mir Teppiche vorzustellen,

Kleider, Schränke, Bilder, Stühle, eine Nähmaschine in diesen gähnendleeren, kaputtgeschlagenen Räumen. Es gefiel mir, wie unerheblich, wie kümmerlich sich solche Dinge jetzt ausnahmen. In einem Zimmer krümmte sich eine Matratze zwischen schwarzen, abgebrochenen Dielenbalken. Die Wand war rings um das Fenster weggebröckelt, und die Decke war fast bis auf den Boden herabgesunken. Die Leute, die auf dieser Matratze geschlafen hatten, dachte ich, hatten wirklich geglaubt, sie wären »im Schlafzimmer«. Es war für sie selbstverständlich, daß das immer so bleiben würde. Ich dachte an mein eigenes Schlafzimmer, an das von Julie, von meiner Mutter, an alle Zimmer, die eines Tages einstürzen würden. Ich war gerade über die Matratze geklettert und hatte mir, auf einer Mauerkante balancierend, diese Gedanken gemacht, als ich den Stiel des Vorschlaghammers im Gras sah. Ich sprang hinunter und griff danach. Graue Asseln hatten sich unter dem schweren Eisenklotz eingenistet und liefen jetzt in wilder Aufregung hin und her über ihr kleines Stück Erde. Ich ließ den Hammer auf sie heruntersausen und fühlte, wie unter mir der Erdboden bebte.

Es war ein schöner Fund, wahrscheinlich liegengelassen von der Feuerwehr oder einer Abbruchkolonne. Ich nahm ihn quer auf die Schulter und trug ihn heim und fragte mich dabei, was ich zweckmäßig damit zerschlagen könnte. Der Steingarten fiel von selber auseinander und war zugewachsen. Es gab nur die Steinplatten, auf die man losgehen konnte, und die hatten auch schon Sprünge. Ich entschied mich für den Zementweg – fünf Meter lang und sechs Zentimeter dick. Einen Zweck hatte er auch nicht. Ich zog mir das Hemd aus und machte mich an die Arbeit. Beim ersten Schlag bröckelte etwas Beton ab, aber mit dem nächsten erreichte ich nichts, nicht einmal einen Sprung. Ich ruhte mich aus und fing wieder an. Diesmal tat sich zu meiner Überraschung ein großer Spalt auf, und ein breiter, befriedigender Brocken Beton löste sich. Er hatte vielleicht einen halben Meter Durchmesser und war schwer zu heben. Ich riß ihn hoch und lehnte ihn an den Zaun. Ich wollte gerade wieder zum Hammer greifen, als ich Julies Stimme hinter mir hörte. »Das darfst du nicht.« Sie hatte einen hellgrünen Bikini an. In der einen Hand hielt sie eine Illustrierte, in der anderen ihre Sonnenbrille. Unsere Seite des Hauses lag in tiefem Schatten. Ich stellte den Hammer zwischen den Füßen am Boden ab und stützte mich auf den Stiel.

»Was soll der Quatsch?« sagte ich. »Warum nicht?«

»Hat Mammi gesagt.« Ich griff zum Hammer und ließ ihn auf den Pfad hinuntersausen, so schwer ich nur konnte. Ich blickte über die Schulter meine Schwester an, die die Achseln zuckte und wieder zurückging.

»Warum?« rief ich ihr nach.

»Sie fühlt sich nicht gut«, sagte Julie, ohne sich umzudrehen. »Sie hat Kopfweh.« Ich fluchte und lehnte den Hammer an die Wand.

Ich hatte es ohne Verwunderung hingenommen, daß Mutter jetzt nur noch selten auf war. Sie wurde so allmählich bettlägerig, daß wir es kaum erwähnten. Seit meinem Geburtstag, vor zwei Wochen, war sie überhaupt nicht mehr aufgestanden. Wir hatten uns schon recht gut darauf eingerichtet. Wir trugen abwechselnd das Tablett hinauf, und Julie machte die Einkäufe auf dem Heimweg von der Schule. Sue half ihr beim Kochen, und ich wusch ab. Mutter hatte lauter Illustrierte und Bücher aus der Leihbibliothek um sich liegen, aber nie sah ich sie lesen. Meistens döste sie im Sitzen, und wenn ich hereinkam, wachte sie leicht zusammenschreckend auf und sagte etwas wie: »Ach, ich muß einen Augenblick weggewesen sein.« Weil wir keinen Besuch hatten, fragte auch niemand, was ihr fehlte, und daher stellte ich mir die Frage auch nie so richtig. Julie, wie sich zeigte, wußte weit mehr. Jeden Sonnabendmorgen ließ sie das Rezept erneuern und kam mit der wieder aufgefüllten braunen Flasche zurück. Es kam kein Arzt zu Mutter. »Ich habe genug von Ärzten und Untersuchungen für den Rest meines Lebens.« Mir kam es vernünftig vor, daß man Ärzte satt hatte.

Ihr Schlafzimmer wurde zum Mittelpunkt des Hauses. Dort saßen wir jetzt, unterhielten uns miteinander oder hörten Radio bei ihr, wenn sie döste. Manchmal hörte ich, wie sie Julie Anweisungen gab für den Einkauf oder Toms Kleider, immer sanft und rasch mit gedämpfter Stimme. »Wenn Mutter wieder auf ist« wurde zu einem vagen, nicht herbeigesehnten Zeitpunkt in der nahen Zukunft, an dem die alten Grundmuster wieder Geltung haben würden. Julie trat ernst und tatkräftig auf, aber ich hatte den Verdacht, daß sie ihre Stellung ausnutzte und es genoß, mich herumzukommandieren.

»Es wird Zeit, daß du dein Zimmer saubermachst«, sagte sie an einem Wochenende zu mir.

»Wie meinst du das?«

»Es ist dreckig, es stinkt da drin nach irgendwas.« Ich sagte nichts. Julie fuhr fort: »Also, mach's sauber. Hat Mammi gesagt.« Weil meine Mutter krank war, glaubte ich, ich sollte ihr folgen, und obwohl ich das Zimmer nicht in Ordnung brachte, dachte ich doch daran, und das Saubermachen lag mir auf der Seele. Mutter sagte nie etwas über mein Zimmer zu mir, und ich fing an zu vermuten, daß sie Julie gar nichts aufgetragen hatte.

Ich starrte den Vorschlaghammer eine Zeitlang an, dann ging ich ums Haus in den hinteren Garten. Es war Mitte Juli, nur noch eine Woche bis zu den Sommerferien, und seit sechs Wochen hatte es nur heiße Tage gegeben. Man konnte sich nur schwer vorstellen, daß es jemals wieder regnen würde. Julie wollte unbedingt braun werden und hatte einen kleinen flachen Platz oben auf dem abbröckelnden

Steingarten freigemacht. Jeden Tag breitete sie dort nach der Schule eine Stunde lang ihr Badetuch aus. Sie lag da, die Hände und Finger flach neben sich ausgestreckt, und drehte sich dann, nach vielleicht zehn Minuten, auf den Bauch und hakte sich mit den Daumen ihren Bikini auf. Sie hob ihre dunkler werdende Bräunung gern durch eine weiße Schulbluse hervor. Sie hatte sich gerade wieder niedergelassen, als ich um die Ecke kam. Sie lag auf dem Bauch, den Kopf in die Unterarme gebettet und das Gesicht von mir weggewandt nach der wüsten Fläche nebenan, wo große Brennesselbüsche am Verdursten waren. Neben sich, zwischen ihrer Sonnenbrille und einer dicken Tube Sonnencreme, hatte sie ein Transistorradio im Taschenformat, in Silber und Schwarz, aus dem dünn und scheppernd männliche Stimmen tönten. Die Böschung des Steingartens fiel steil von ihrem Liegeplatz ab. Eine kleine Bewegung nach links, und sie wäre mir vor die Füße gerollt. Die Pflanzen und Unkräuter waren verdorrt, und ihr Bikini bildete grell und leuchtend den einzigen grünen Fleck.

»Hör mal«, sagte ich zu ihr über die Radiostimmen hinweg. Sie drehte den Kopf nicht zu mir um, aber ich wußte, daß sie mich gehört hatte. »Wann hat Mammi zu dir gesagt, ich soll nicht diesen Lärm machen?« Als Julie sich nicht rührte und nicht sprach, kletterte ich um den Steingarten herum, damit ich ihr Gesicht sehen konnte. Ihre Augen waren geöffnet. »Ich meine, du warst doch die ganze Zeit hier draußen.« Aber Julie sagte: »Tu mir doch den Gefallen und reib mir den Rücken ein.« Als ich hinaufstieg, löste sich unter meinem Fuß ein großer Stein und plumpste auf den Boden.

»Langsam«, sagte Julie. Ich kniete mich zwischen ihre Beine und quetschte aus der Tube eine blasse, sahnige Flüssigkeit auf meine Handfläche. »Oben an den Schultern und am Hals«, sagte Julie, »da ist es am nötigsten.« Dabei ließ sie den Kopf sinken und hob die Haare aus dem Nacken. Obwohl wir nur einen guten Meter über dem Boden waren, schien hier eine leichte, erfrischende Brise zu wehen. Während ich ihr die Schultern eincremte, bemerkte ich, wie bleich und schmuddelig sich meine Hände vor ihrem Rükken ausnahmen. Ihr Schulterriemchen war gelöst und hing auf den Boden. Wenn ich etwas nach links rutschte, konnte ich ihre Brüste gerade noch erkennen, dunkel im tiefen Schatten ihres Körpers. Als ich fertig war, rief sie über die Schulter: »Und jetzt die Beine.« Diesmal rieb ich die Creme ein, so schnell ich konnte, die Augen halb geschlossen. Mir war heiß und schlecht. Julies Kopf ruhte wieder auf dem Unterarm, und ihr Atem ging langsam und regelmäßig wie bei einer Schlafenden. Aus dem Radio gab eine schrille Stimme mit bösartiger Eintönigkeit die Rennergebnisse bekannt. Sobald ihre Beine ausreichend eingerieben waren, sprang ich vom Steingarten herunter.

»Danke«, rief mir Julie schläfrig zu. Ich ging schnell ins Haus und nach oben ins Bad. Später am Abend warf ich den Vorschlaghammer in den Keller hinunter.

Jeden dritten Morgen kam die Reihe an mich, Tom zur Schule zu begleiten. Es war immer schwierig, ihn aus dem Haus zu lotsen. Manchmal schrie er und schlug um sich und mußte hinausgetragen werden. Eines Morgens, kurz vor dem Ende des Schulhalbjahrs, erzählte er mir im Gehen ruhig, er hätte einen »Feind« in der Schule. Das Wort klang aus seinem Mund schauerlich, und ich fragte, was er damit meinte. Er erklärte, ein größerer Junge habe es auf ihn abgesehen.

»Der schlägt mir mal den Schädel ein«, sagte er in einem fast erstaunten Ton. Ich war nicht überrascht. Tom war grade der Typ dafür. Er war klein für seine sechs Jahre und schwächlich. Er war blaß, hatte leicht abstehende Ohren, ein blödes Grinsen, und sein schwarzes Haar legte sich zu dikken, einseitigen Fransen. Schlimmer noch, er war klug in seiner beharrlichen und streitsüchtigen Art – das vollkommene Schulhofopfer.

»Sag mir, wer's ist«, sagte ich und reckte den eingefallenen Rücken, »dem setz ich den Kopf schon zurecht.« Wir blieben vor der Schule stehen und lugten durch den schwarzen Eisenzaun.

»Der da«, sagte er schließlich und deutete in die Nähe eines kleinen Holzschuppens. Es war ein schmächtiges Bürschchen, ein paar Jahre älter als Tom, rothaarig und mit Sommersprossen. Von der gemeinsten Sorte, dachte ich mir. Ich ging sehr rasch über den Schulhof, packte ihn am Jakkenaufschlag mit der rechten Hand, griff ihn mit der anderen bei der Gurgel, schlug ihn hart gegen den Schuppen und ließ ihn dort zappeln. Sein Gesicht zuckte und schien zu platzen. Ich wollte laut lachen, so wild war mein Hochgefühl.

»Rühr du meinen Bruder an«, zischte ich, »und ich reiß dir die Beine ab.« Dann ließ ich ihn gehen.

An diesem Nachmittag brachte Sue Tom von der Schule heim. Sein Hemd hing ihm in Fetzen vom Rücken, und es fehlte ihm ein Schuh. Sein Gesicht war auf einer Seite geschwollen und rot, und ein Mundwinkel war eingerissen. Seine Knie waren beide aufgeschürft, und eingetrocknetes Blut zog sich in Streifen über seine Schienbeine. Seine linke Hand war geschwollen und empfindlich, als wäre jemand draufgetreten. Sobald er im Haus war, begann Tom ein seltsam tierisches Geheul und lief auf die Treppe zu. »So darf ihn Mammi nicht sehen!« schrie Julie. Wir fielen über ihn her wie eine Hundemeute über einen verwundeten Hasen. Wir trugen ihn ins untere Bad und machten die Tür zu. Alle vier hatten wir nur wenig Platz darin, und in dem hallenden Raum waren Toms Schreie ohrenbetäubend. Julie, Sue und ich drängten uns um ihn; wir küßten und streichelten ihn beim Ausziehen. Sue war selbst dem Weinen nahe.

»Ach Tom«, sagte sie immer wieder, »unser armer kleiner Tom.« Trotz des Aufruhrs brachte ich es noch fertig, auf meinen nackten Bruder neidisch zu sein. Julie saß auf dem Wannenrand, und Tom stand zwischen ihren Beinen und lehnte sich an sie, während sie ihm das Gesicht mit Watte abtupfte. Mit ihrer freien Hand hielt sie ihn im Gleichgewicht, die Handfläche flach auf seinem Bauch, gerade über seinen Leisten. Sue hielt ihm einen kalten Waschlappen auf die wunde Hand.

»War's der Rothaarige?« sagte ich.

»Nein«, heulte Tom. »Sein Freund.« Sobald er gesäubert war, schien er nicht mehr so schlimm verletzt, und die dramatische Stimmung verlor sich. Julie wickelte ihn in ein Badetuch und trug ihn nach oben. Sue und ich gingen voraus, um Mutter vorzubereiten. Sie mußte etwas gehört haben, weil sie aufgestanden war und den Morgenrock angezogen hatte, um herunterzukommen.

»Nur eine kleine Schulrauferei«, sagten wir zu ihr. »Aber es geht ihm schon wieder gut.« Sie ging wieder ins Bett, und Julie legte Tom neben sie. Später, als wir ums Bett saßen und beim Tee alles besprachen, schlief Tom, noch immer ins Badetuch gehüllt, ein.

Einmal saßen wir nach dem Abendessen unten. Tom und Mutter schliefen beide schon. Mutter hatte Julie an diesem Tag zum Klassenlehrer geschickt, sie sollte mit ihm über die Prügelei reden, und wir sprachen darüber. Dann erzählte Sue Julie und mir, sie hätte eine »ganz sonderbare« Unterhaltung mit Tom gehabt. Sue wartete, bis sie einer von uns ermunterte.

»Also, was hat er gesagt?« fragte ich müde, nachdem eine halbe Minute vergangen war.

Sue kicherte. »Er sagte, ich soll's niemand erzählen.«

»Dann tu's auch nicht«, sagte Julie, aber Sue fuhr fort: »Er kam zu mir ins Zimmer und sagte: ›Wie ist das, wenn man ein Mädchen ist?‹, und ich sagte: ›Schön, warum?‹ Und er sagte, er hätte es *satt*, ein Junge zu sein, und wollte ein Mädchen werden. Und ich sagte: ›Aber du kannst kein Mädchen sein, wenn du ein Junge bist‹, und er sagte: ›Doch, kann ich. Wenn ich will, kann ich.‹ Dann sagte ich: ›Warum willst du ein Mädchen sein?‹ Und er sagte: ›Weil einen keiner schlägt, wenn man ein Mädchen ist.‹ Und ich erklärte ihm, manchmal doch, aber er sagte: ›Eben nicht, eben nicht.‹ Dann sagte ich: ›Wie kannst du ein Mädchen sein, wenn alle wissen, daß du ein Junge bist?‹ Und er sagte: ›Ich zieh mir ein Kleid an und mach mir das Haar wie du und geh zum Mädcheneingang rein.‹ Und darauf sagte ich, das könnte er nicht machen, und er sagte, doch, und dann sagte er, jedenfalls wollte er das, er will . . .«

Sue und Julie lachten jetzt so sehr, daß Sue ihre Geschichte nicht fertigerzählen konnte. Ich lächelte nicht einmal. Ich war entsetzt und gebannt.

»Armer kleiner Kerl«, sagte Julie. »Wir sollten ihn ein Mädchen sein lassen, wenn er das will.«

Sue war begeistert. Sie klatschte in die Hände. »Er würde so schön aussehen in einem von meinen alten Röcken. Mit dem süßen kleinen Gesicht.« Sie sahen einander an und lachten. Es lag eine seltsame Erregung in der Luft.

»Saublöd würde er aussehen«, sagte ich unvermittelt.

»Ja?« sagte Julie kühl. »Warum, glaubst du?«

»Das wißt ihr doch selber . . .« Es entstand eine Pause; Julie war dabei, ihren Zorn zu sammeln und zu formen. Ihre nackten Arme lagen auf dem Tisch, tiefer braun denn je im elektrischen Licht.

»Ihn blöd herrichten«, murmelte ich und fühlte dabei, daß ich schweigen sollte, »bloß damit ihr was zum Lachen habt.«

Julie sprach leise. »Du findest also, Mädchen sehen idiotisch, blöde, dumm aus . . .«

»Nein«, sagte ich aufgebracht.

»Du findest, es ist eine Erniedrigung, auszusehen wie ein Mädchen, weil du es eine Erniedrigung findest, ein Mädchen zu *sein.*«

»Das wäre es auch für Tom, auszusehen wie ein Mädchen.«

Julie holte tief Luft, und ihre Stimme wurde sehr leise.

»Mädchen können Jeans anhaben und sich die Haare kurz schneiden und in Hemdsärmeln und Stiefeln herumlaufen, weil es okay ist, wie ein Junge zu sein, für Mädchen ist das wie eine Beförderung. Aber wenn ein Junge wie ein Mädchen aussieht, dann ist das erniedrigend, wie du sagst, weil du heimlich meinst, es ist entwürdigend, ein Mädchen zu sein. Wieso könntest du sonst finden, es wäre eine Erniedrigung für Tom, wenn er einen Rock anzieht?«

»Weil es eine ist«, sagte ich entschlossen.

»Aber wieso?« riefen Julie und Sue zusammen aus, und bevor ich mir etwas ausdenken konnte, sagte Julie: »Wenn ich morgen deine Hose anziehen würde in der Schule, und du meinen Rock, könntest du schnell sehen, wem es damit schlechter ginge. Jeder würde auf dich zeigen und lachen.« Dabei deutete Julie über den Tisch, mit den Fingern grade vor meiner Nase. »Seht euch den an! Der sieht ja aus ... puh! ... wie ein *Mädchen*!«

»Und seht euch die an«, Sue zeigte auf Julie, »sie sieht doch recht ... *überlegen* aus in ihren Hosen.« Meine Schwestern lachten so sehr, daß sie, eine in den Armen der anderen, zusammenbrachen.

Die Unterhaltung war bloß theoretisch, denn einen Tag danach war Tom wieder in der Schule, und der Lehrer schrieb Mutter einen langen Brief. Sie las Teile daraus laut vor, während Sue und ich den Eßtisch in ihr Schlafzimmer bugsierten.

»Es ist eine Freude, Tom in der Klasse zu haben.« Mutter

las diesen Satz ein paarmal hintereinander mit großer Befriedigung. Ihr gefiel auch: »Er ist ein sanftes, aber aufgewecktes Kind.«

Wir hatten uns entschlossen, zu den Mahlzeiten in Mutters Zimmer zu gehen. Ich trug auch zwei kleine Sessel nach oben, und es war kaum mehr Platz, ums Bett herumzugehen. Das Lesen erschöpfte Mutter. Sie legte sich auf die Kissen zurück und hielt die Brille lose in der Hand. Der Brief rutschte auf den Boden. Sue hob ihn auf und steckte ihn ins Kuvert zurück.

»Wenn ich wieder auf bin«, sagte Mutter zu ihr, »malen wir das Zimmer unten neu aus, bevor wir die ganzen Möbel zurücktragen.«

Sue setzte sich zu ihr aufs Bett, und sie redeten über Farbzusammenstellungen. Ich saß am Tisch, auf die Ellbogen gestützt. Es war spät am Nachmittag und noch immer sehr heiß. Die beiden Schiebefenster im Schlafzimmer waren so weit offen, wie es nur ging. Von draußen kamen die Geräusche von Kindern herein, die in den leeren Fertighäusern weiter oben an der Straße spielten, plötzlich Schreie über dem Gewirr von Stimmen, ein laut gerufener Name. Es waren viele Fliegen im Zimmer. Ich sah zu, wie eine meinen Arm entlanglief. Julie sonnte sich im Steingarten, und Tom spielte irgendwo draußen.

Mutter war eingeschlafen. Sue nahm ihr die Brille aus der Hand, klappte sie zusammen und legte sie auf den Nachttisch; dann ging sie aus dem Zimmer. Ich lauschte dem Auf und Ab von Mutters Atem. Ein Schleimklümpchen in ihrer Nase kam so zu liegen, daß ein schwaches, hochtönendes Geräusch, wie von einer scharfen Klinge in der Luft, entstand und wieder verging. Den Eßtisch hier oben stehen zu sehen war mir immer noch etwas Neues, ich konnte mich nicht dazu aufraffen, wegzugehen. Ich sah zum erstenmal die wirbelnden schwarzen Linien in der Holzmaserung unter der dunklen Lackfarbe. Ich ließ die Arme auf der kühlen Oberfläche ruhen. Er wirkte handfester hier oben, und ich konnte ihn mir unten nicht mehr vorstellen. Vom Bett her machte Mutter ein kurzes, leises, schmatzendes Geräusch mit der Zunge an den Zähnen, als träumte sie, sie wäre durstig. Schließlich stand ich auf und stellte mich ans Fenster, mehrmals gähnend. Ich sollte Aufgaben machen, aber weil die langen Sommerferien bald anfingen, waren sie mir gleich. Ich war nicht einmal sicher, ob ich im Herbst die Schule weitermachen wollte, aber hatte auch keinen anderen Plan. Draußen zogen Tom und ein anderer Junge von ungefähr seiner Größe einen großen Lastwagenreifen die Straße lang, bis sie nicht mehr zu sehen waren. Daß sie ihn zerrten und nicht rollten, machte mich unermeßlich müde.

Ich wollte wieder zurück zum Tisch gehen, als meine Mutter meinen Namen rief, und so setzte ich mich zu ihr ans Bett. Sie lächelte und faßte mir ans Handgelenk. Ich nahm meine Hand zwischen die Knie. Ich wollte nicht angefaßt werden, es war zu heiß dafür.

»Was hast du vor?« sagte sie.

»Nichts«, teilte ich ihr mit einem Seufzer mit.

»Langweilig?«

Ich nickte. Sie wollte mich streicheln, aber ich saß gerade so weit weg, daß sie mich nicht mehr erreichte.

»Hoffentlich findest du einen Ferienjob, daß du ein bißchen Taschengeld bekommst.« Ich knurrte vieldeutig und wandte ihr kurz mein Gesicht zu. Ihre Augen lagen wie immer tief eingesunken, und die Haut um ihre Augen war dunkel und voller Windungen, als wäre sie auch ein Sehorgan. Mutters Haar war dünner und grauer geworden, einige Strähnen lagen auf dem Bettuch. Sie trug eine graurosa Wolljacke über dem Nachthemd, und der Ärmel war vorne ausgebeult, weil sie dort ihre Taschentücher hinsteckte.

»Setz dich etwas näher zu mir, Jack«, sagte sie. »Ich

möchte dir etwas sagen, was die anderen nicht hören sollen.« Ich rutschte das Bett hinauf, und sie legte mir die Hand auf den Unterarm.

Ein oder zwei Minuten vergingen, ohne daß sie sprach. Ich wartete, leicht gelangweilt und leicht argwöhnisch, sie könnte über mein Aussehen oder mein vergeudetes Blut reden wollen. Wenn das kam, war ich entschlossen, vom Bett aufzustehen und aus dem Zimmer zu gehen. Schließlich sagte sie: »Ich muß vielleicht bald fort.«

»Wohin?« sagte ich augenblicklich.

»Ins Krankenhaus, damit sie vielleicht doch noch rauskriegen, was ich eigentlich habe.«

»Für wie lange?«

Sie schwieg, und ihre Augen bewegten sich von den meinen fort und starrten mir über die Schulter.

»Kann sein, für ziemlich lange. Deswegen möchte ich mit dir reden.« Ich war mehr daran interessiert, wie lange es ihrer Meinung nach wirklich dauern würde, und an meiner Besorgtheit zerrte ein Freiheitsgefühl. Aber sie sagte: »Das heißt, daß ihr, Julie und du, jetzt die Verantwortung habt.«

»Du meinst, Julie hat sie.« Ich war verstockt.

»Ihr beide«, sagte sie fest. »Es ist nicht fair, alles ihr zu überlassen.«

»Dann sag ihr das«, sagte ich, »daß ich auch die Verantwortung habe.«

»Das Haus muß ordentlich geführt werden, Jack, und ihr müßt auf Tom aufpassen. Ihr müßt alles sauber und ordentlich halten, sonst weißt du ja, was passiert.«

»Was?«

»Dann kommen sie und geben Tom in Pflege, und vielleicht dich und Susan auch. Julie würde allein auch nicht hierbleiben. Und dann würde das Haus leer stehen, und das würde sich rumsprechen, und dann brechen sie ein und stehlen Sachen und schlagen alles kaputt.« Sie drückte meinen

Arm und lächelte. »Und wenn ich dann aus dem Krankenhaus käme, wäre für uns gar nichts mehr übrig.« Ich nickte. »Ich habe für Julie ein Postsparkonto eröffnet, und darauf wird Geld von meinem Gesparten überwiesen. Es wird für euch alle eine ganze Weile reichen, auf jeden Fall, bis ich wieder aus dem Krankenhaus bin.« Sie lehnte sich in die Kissen zurück und schloß halb die Augen.

Ich stand auf. »Gut«, sagte ich, »wann gehst du hin?«

»Kann sein, nicht vor einer oder zwei Wochen«, sagte sie, ohne die Augen zu öffnen. Als ich an der Tür war, sagte sie: »Je eher, desto besser, glaube ich.«

»Ja.« Meine veränderte Stimmlage ließ sie die Augen wieder aufmachen. Ich stand in der Tür und wollte gehen. Sie sagte: »Ich hab's über, den ganzen Tag herumzuliegen und nichts zu tun.«

Drei Tage später war sie tot. Julie fand sie, als sie am Freitagnachmittag von der Schule nach Hause kam, am letzten Tag vor den Ferien. Sue hatte Tom zum Baden mitgenommen, und ich kam ein paar Minuten nach Julie heim. Als ich in den Gartenweg einbog, sah ich sie aus Mutters Fenster lehnen, und sie sah mich auch, aber wir nahmen einander nicht zur Kenntnis. Ich ging nicht sofort hinauf. Ich zog Jacke und Schuhe aus und trank ein Glas kaltes Wasser am Spülbecken. Ich schaute in den Kühlschrank nach etwas Eßbarem, fand etwas Käse und aß ihn mit einem Apfel. Das Haus war sehr still, und ich fühlte mich bedrückt von den bevorstehenden leeren Wochen. Ich hatte noch keinen Job gefunden, noch nicht einmal danach gesucht. Aus Gewohnheit ging ich hinauf, um Mutter zu begrüßen. Ich traf Julie auf dem Treppenabsatz vor Mutters Zimmer, und als sie mich sah, zog sie die Tür zu und bückte sich, um sie abzuschließen. Leicht zitternd stand sie dann vor mir, den Schlüssel fest mit der Faust umklammernd.

»Sie ist tot«, sagte sie gleichmütig.

»Wie meinst du das? Woher weißt du?«

»Sie hat schon seit Monaten im Sterben gelegen.« Julie ging an mir vorbei auf die Treppe zu. »Sie wollte nicht, daß ihr übrigen es auch wißt.« Das »ihr übrigen« nahm ich sofort übel.

»Ich möchte hineinschauen«, sagte ich. »Gib den Schlüssel her.«

Julie schüttelte den Kopf. »Komm lieber runter, daß wir reden, bevor Tom und Sue zurück sind.«

Einen Augenblick wollte ich ihr den Schlüssel entreißen, aber ich drehte mich um und ging benommen, blasphemischem Gelächter nah, hinter meiner Schwester hinunter.

5

Als ich in die Küche kam, hatte Julie dort schon Stellung bezogen. Sie hatte ihre Haare zu einem Pferdeschwanz gebunden und stand mit verschränkten Armen an das Spülbecken gelehnt. Sie hatte ihr ganzes Gewicht auf einen Fuß verlagert, der andere war flach gegen den Schrank hinter ihr gestützt, so daß ihr Knie herausstand.

»Wo bist du gewesen?« sagte sie, aber ich verstand sie nicht.

»Ich möchte hineinschauen«, sagte ich. Julie schüttelte den Kopf. »Wir haben beide die Verantwortung«, sagte ich und ging um den Küchentisch herum. »Hat sie zu mir gesagt.«

»Sie ist tot«, sagte Julie. »Setz dich. Verstehst du noch nicht? Sie ist tot.« Ich setzte mich.

»Ich habe auch die Verantwortung«, sagte ich und fing an zu weinen, weil ich mich betrogen fühlte. Meine Mutter war weg und hatte Julie nicht erklärt, was sie zu mir gesagt hatte. Nicht im Krankenhaus, sondern ganz weg, es gab keinen Beweis mehr. Einen Augenblick lang nahm ich klar die Tatsache ihres Todes wahr, und mein Weinen wurde trocken und hart. Aber dann sah ich mich als jemand, dessen Mutter eben gestorben war, und mein Weinen wurde wieder naß und leicht. Julies Hand lag auf meiner Schulter. Sobald ich es bemerkte, sah ich uns, wie durchs Küchenfenster, als lebendes Bild, eine sitzende und eine stehende Figur, und war kurz im Zweifel, welche davon ich war. Jemand saß unter mir, wo meine Finger aufhörten, und weinte. Ich war mir unsicher, ob Julie zärtlich oder ungeduldig wartete, bis ich aufhörte zu weinen. Ich wußte nicht, ob sie überhaupt an mich dachte, denn die Hand auf meiner Schulter fühlte sich unpersönlich an. Diese Ungewißheit ließ mich aufhören zu weinen. Ich wollte ihren Gesichtsausdruck sehen. Julie stellte sich wieder ans Spülbecken zurück und sagte: »Tom und Sue sind gleich da.« Ich wischte mir das Gesicht ab und schneuzte mich in das Küchenhandtuch. »Wir sagen's ihnen lieber gleich, wenn sie hereinkommen.« Ich nickte, und wir standen fast eine halbe Stunde schweigend da und warteten.

Als Sue hereinkam und Julie ihr die Neuigkeit sagte, brachen beide in Tränen aus und umarmten sich. Tom war noch irgendwo draußen. Ich sah meinen Schwestern beim Weinen zu, ich fühlte, es wäre feindselig gewesen, woandershin zu sehen. Ich fühlte mich ausgeschlossen, aber ich wollte nicht, daß es so aussah. Einmal legte ich Sue die Hand auf die Schulter, wie es Julie bei mir getan hatte, aber keine gab darauf acht, so wenig wie Ringer im Clinch, also nahm ich sie wieder weg. Durch ihr Weinen hindurch sagten Julie und Sue unverständliche Sätze, zu sich selbst vielleicht oder zueinander. Ich hätte mich auch gerne so gehenlassen wie sie, aber ich fühlte mich beobachtet. Ich wollte mich im Spiegel anschauen gehen. Als Tom kam, trennten sich die Mädchen und wandten die Gesichter ab. Er verlangte ein Glas Obstsaft, trank ihn aus und ging. Sue und ich gingen mit Julie nach oben, und als wir hinter ihr auf dem Treppenabsatz standen und darauf warteten, daß sie die Tür aufschloß, stellte ich mir Sue und mich als Brautpaar vor, das in ein unheimliches Hotelzimmer eingelassen wird. Ich rülpste, Sue kicherte, und Julie machte pst.

Die Vorhänge waren nicht zugezogen, damit, sagte Julie mir später, »kein Verdacht aufkommen« konnte. Das Zimmer war voller Sonne. Mutter lag auf Kissen aufgestützt, die Hände unter der Decke. Sie hätte gerade am Eindösen sein können, denn ihre Augen waren nicht offen und starr wie die von Toten in Filmen, sie waren auch nicht ganz geschlossen. Auf dem Boden neben dem Bett lagen ihre Illustrierten und Bücher, auf dem Nachttisch waren ein Wecker, der noch tickte, ein Glas Wasser und eine Orange. Sue und ich sahen vom Bettende aus zu, wie Julie das Bettuch ergriff und über Mutters Kopf zu ziehen versuchte. Weil sie saß, reichte das Tuch nicht über sie. Julie zog stärker, das Bettuch rutschte heraus, und sie konnte es ihr über den Kopf ziehen. Mutters Füße wurden sichtbar, sie ragten unter der Decke hervor, bläulichweiß, mit einem Zwischenraum zwischen jeder Zehe. Sue und ich kicherten wieder. Julie zog die Decke über die Füße, und Mutters Kopf wurde nochmals sichtbar, wie wenn eine Statue enthüllt wird. Sue und ich bekamen einen Lachkrampf. Julie lachte gleichfalls, durch zusammengebissene Zähne, ihr ganzer Körper bebte. Das Bettzeug kam schließlich in Ordnung, und Julie kam und stellte sich zu uns ans Fußende des Bettes. Der Umriß von Mutters Kopf und Schultern war unter dem weißen Bettuch deutlich sichtbar.

»Es sieht lächerlich aus so«, heulte Sue.

»Nein, gar nicht«, sagte Julie heftig. Sue griff nach vorn und zog das Bettuch von Mutters Kopf herunter, und fast gleichzeitig boxte Julie Sue hart auf den Arm und schrie: »Laß das.« Die Tür ging hinter uns auf, und Tom stand im Zimmer, noch atemlos von seinem Spiel auf der Straße.

Sobald Julie und ich ihn gepackt hatten, sagte er: »Ich will Mammi.«

»Sie schläft«, flüsterten wir, »schau, das siehst du doch.« Tom wand sich, um an uns vorbeizukommen.

»Warum habt ihr dann so geschrien? Überhaupt, sie schläft nicht, oder, Mammi?«

»Sie schläft ganz fest«, sagte Sue. Einen Augenblick schien es, als könnten wir durch Schlaf, einen sehr tiefen Schlaf, Tom mit dem Begriff vom Tod vertraut machen. Aber wir wußten davon nicht mehr als er, und er ahnte, daß etwas nicht stimmte.

»Mammi!« brüllte er und wollte sich zum Bett durchkämpfen. Ich hielt ihn an den Handgelenken fest.

»Geht nicht«, sagte ich.

Tom trat mir gegen den Knöchel, riß sich los und schlüpfte zu Julie ans Kopfende des Bettes. Er suchte mit einer Hand an Mutters Schulter Halt, zog sich die Schuhe aus und sah uns triumphierend an. Dergleichen war schon öfter vorgefallen, und manchmal bekam er seinen Willen. Ich war inzwischen dafür, daß er es selbst entdeckte, ich wollte nur sehen, was passierte. Aber sobald Tom das Bettzeug zurückschlug, um neben seine Mutter zu klettern, sprang Julie nach vorn und griff Tom am Arm.

»Komm«, sagte sie sanft und zog an ihm.

»Nein, nein . . .«, quiekte Tom, wie immer, und hielt sich am Ärmel von Mutters Nachthemd fest. Wie Julie zog, kippte Mutter auf eine beängstigende, hölzerne Weise zur Seite, ihr Kopf schlug auf den Nachttisch auf, und die Uhr und das Wasserglas krachten zu Boden. Ihr Kopf blieb eingeklemmt zwischen dem Bett und dem Tischchen, und auf dem Kopfkissen wurde eine Hand von ihr sichtbar. Tom wurde still und reglos, fast starr, und ließ sich von Julie wie ein Blinder hinausführen. Sue war schon gegangen, obwohl ich das nicht bemerkt hatte. Ich verharrte einen Augenblick und überlegte, ob ich die Leiche wieder in eine aufrechte Stellung schieben sollte. Ich ging einen Schritt zu ihr hin, konnte aber die Vorstellung nicht ertragen, sie anzufassen. Ich rannte aus dem Zimmer, schlug die Tür zu, drehte den Schlüssel um und steckte ihn ein.

Am frühen Abend weinte sich Tom auf dem Sofa unten in den Schlaf. Wir deckten ihn mit einem Badetuch zu, weil keiner hinaufgehen und eine Decke holen wollte. Den restlichen Abend saßen wir im Wohnzimmer herum, ohne viel zu reden. Ein- oder zweimal fing Sue an zu weinen und gab es dann wieder auf, als wäre es über ihre Kräfte gegangen. Julie sagte: »Wahrscheinlich ist sie im Schlaf gestorben«, und Sue und ich nickten. Ein paar Minuten später sagte Sue: »Es hat nicht weh getan.« Julie und ich murmelten zustimmend. Langes Schweigen, dann sagte ich: »Seid ihr hungrig?« Meine Schwestern schüttelten den Kopf. Ich wollte unbedingt etwas essen, aber nicht allein. Ich wollte nichts alleine tun. Als sie endlich auch etwas wollten, holte ich Brot, Butter, Orangenmarmelade und zwei Flaschen Milch. Beim Essen und Trinken kam eine Unterhaltung in Gang. Julie erzählte uns, sie hätte es seit zwei Wochen vor meinem Geburtstag »gewußt«.

»Als du den Handstand gemacht hast«, sagte ich.

»Und du ›Greensleeves‹ gesungen hast«, sagte Sue. »Aber was hab ich gemacht?« Wir konnten uns an nichts erinnern, und Sue sagte so lange: »Ich weiß doch, daß ich *irgendwas* gemacht hab«, bis ich zu ihr sagte, sie solle den Mund halten.

Etwas nach Mitternacht gingen wir nach oben und hielten uns auf der Treppe dicht beisammen. Julie ging voran, und ich trug Tom. Auf dem ersten Absatz blieben wir stehen und drängten uns zusammen, bevor wir an Mutters Tür vorbeigingen. Ich glaubte den Wecker hören zu können. Ich war froh, daß die Tür zugesperrt war. Wir legten Tom ins Bett, ohne ihn zu wecken. Die Mädchen hatten sich wortlos darauf geeinigt, im selben Bett zu schlafen. Ich ging in mein Bett und lag angespannt auf dem Rücken; ich drehte den Kopf heftig zur Seite, wenn mir ein Gedanke oder ein Bild kam, das ich nicht haben wollte. Nach einer halben Stunde ging ich in Toms Zimmer und trug ihn zu mir ins Bett. Ich bemerkte, daß in Julies Zimmer noch Licht war. Ich legte meine Arme um meinen Bruder und schlief ein.

Gegen Ende des nächsten Tages sagte Sue: »Meint ihr nicht, wir sollten es jemand sagen?«

Wir saßen um den Steingarten herum. Wir waren den ganzen Tag im Garten gewesen, wegen der Hitze und weil wir Angst hatten vor dem Haus hinter uns, dessen Ausdruck uns nicht mehr an Konzentration erinnerte, sondern an tiefen Schlaf. Am Morgen hatte es einen Streit gegeben wegen Julies Bikini. Sue hielt es nicht für richtig, ihn anzuziehen. Ich sagte, mir wäre es gleich. Sue sagte, wenn Julie den Bikini anzöge, dann hieße das, daß ihr Mammi gleichgültig wäre. Tom fing an zu weinen, und Julie ging hinein und zog ihren Bikini aus. Ich ging den ganzen Tag lang einen Stoß alter Comics durch, auch solche von Tom. Im Hinterkopf hatte ich das Gefühl, als säßen wir da und warteten auf ein schreckliches Ereignis, und dann fiel mir ein, daß es schon geschehen war. Sue blätterte in ihren Büchern und weinte manchmal vor sich hin. Julie saß oben auf dem Steingarten und klapperte in der hohlen Hand mit Kieselsteinen, die sie hochwarf und wieder auffing. Sie war gereizt Tom gegenüber, der einmal heulte und Zuwendung wollte und dann gleich wieder zum Spielen ging, als wäre nichts geschehen. Einmal wollte er sich an Julies Knie hängen, und ich hörte sie sagen, während sie ihn wegschubste: »Geh weg. *Bitte* geh weg.« Später las ich ihm aus einem der Comics vor.

Als Sue ihre Frage stellte, blickte Julie kurz auf und dann

weg. Ich sagte: »Wenn wir es jemand sagen . . .« und wartete. Sue sagte: »Wir müssen es jemand sagen, damit es ein Begräbnis gibt.« Ich sah zu Julie hin. Sie starrte über unseren Zaun und die leere Fläche hinweg zu den Wohnblöcken.

»Wenn wir's ihnen sagen«, fing ich wieder an, »dann kommen sie und geben uns in Pflege, in ein Waisenhaus oder so was. Vielleicht suchen sie jemand, der Tom adoptiert.« Ich hielt inne.

Sue war entsetzt. »Das können sie nicht machen«, sagte sie.

»Und dann steht das Haus leer«, fuhr ich fort, »und dann brechen sie ein, und nichts bleibt übrig.«

»Aber wenn wir's niemand sagen«, sagte Sue und machte eine vage Geste zum Haus hin, »was machen wir dann?«

Ich sah wieder zu Julie hin und sagte lauter: »Die Kinder von drüben kommen rein und schlagen alles kaputt.«

Julie warf die Kiesel über den Zaun. Sie sagte: »Wir können sie nicht im Schlafzimmer lassen, sonst fängt sie an zu riechen.«

Sue schrie fast. »Wie kannst du so was Furchtbares sagen!«

»Du meinst«, sagte ich zu Julie, »wir sollten es niemand sagen.«

Julie ging weg in Richtung Haus, ohne zu antworten. Ich beobachtete, wie sie in die Küche ging und sich Wasser ins Gesicht spritzte. Sie hielt den Kopf unter den Kaltwasserhahn, bis ihr Haar durchnäßt war, dann wrang sie es aus und strich es sich aus dem Gesicht. Als sie wieder auf uns zukam, liefen ihr Wassertropfen auf die Schulter. Sie setzte sich auf den Steingarten und sagte: »Wenn wir es niemand sagen, müssen wir selber schnell was tun.«

Sue war den Tränen nahe. »Aber was können *wir* denn tun?« jammerte sie.

Julie machte es etwas dramatisch. Sie sagte sehr ruhig:

»Sie begraben natürlich.« Obwohl sie so schroff tat, schwankte ihre Stimme.

»Ja«, sagte ich, erschauernd vor Grauen, »wir machen ein Privatbegräbnis, Sue.« Meine jüngere Schwester weinte jetzt stetig, und Julie legte ihr den Arm um die Schulter. Über Sues Kopf hinweg sah sie mich kalt an. Ich war plötzlich zornig auf sie beide. Ich stand auf und ging vor das Haus, um zu sehen, was Tom trieb.

Er saß mit einem andern Jungen in dem gelben Sandhaufen neben der Gartentür. Sie gruben ein kompliziertes System von faustgroßen Tunnels.

»Er sagt«, sagte Toms Freund verächtlich und blinzelte zu mir herauf, »er sagt, er sagt, seine Mammi wäre grade gestorben, und das stimmt gar nicht.«

»Doch, es stimmt«, sagte ich zu ihm. »Sie ist auch meine Mammi, und sie ist grade gestorben.«

»Ätsch-bätsch, ich hab's dir gesagt, ätsch-bätsch«, höhnte Tom und vergrub die Handgelenke tief im Sand.

Sein Freund dachte einen Augenblick nach. »Also, *meine* Mammi ist nicht tot.«

»Mir doch gleich«, sagte Tom, ganz mit dem Tunnel beschäftigt.

»Meine Mammi ist nicht tot«, wiederholte der Junge, zu mir gewandt.

»Na und?« sagte ich.

»Weil sie nämlich nicht tot ist«, schrie der Junge. »Sie ist *nicht* tot.«

Ich machte ein gefaßtes Gesicht und kniete mich zu ihnen in den Sand. Ich legte Toms Freund mitfühlend die Hand auf die Schulter. »Ich will dir was sagen«, sagte ich ruhig. »Ich war grade bei euch zu Haus. Dein Vater hat's mir erzählt. Deine Mammi ist tot. Sie lief hinaus, um nach dir zu sehen, und ein Auto hat sie überfahren.«

»Ätsch-bätsch, deine Mammi ist tot«, krähte Tom.

»Sie ist nicht tot«, sagte der Junge zu sich selbst.

»Wenn ich's dir sage«, zischte ich ihm zu. »Ich war grade bei euch zu Hause. Dein Vater ist ziemlich durcheinander, und er ist wirklich böse auf dich. Deine Mammi ist überfahren worden, weil sie nach dir gesehen hat.« Der Junge stand auf. Die Farbe war aus seinem Gesicht gewichen. »Ich würde nicht heimgehen, wenn ich du wäre«, fuhr ich fort. »Dein Vater ist hinter dir her.« Der Junge rannte den Gartenweg entlang bis zur Haustür. Dann besann er sich, drehte sich um und rannte zurück. Als er an uns vorbeikam, fing er an zu heulen.

»Wo gehst du hin?« schrie Tom ihm nach, aber sein Freund schüttelte den Kopf und rannte weiter.

Sobald es dunkel war und wir alle im Haus saßen, wurde Tom wieder ängstlich und unglücklich. Er weinte, als wir ihn zu Bett bringen wollten, und so ließen wir ihn aufbleiben und hofften, er würde auf dem Sofa einschlafen. Er heulte und jammerte bei jeder Kleinigkeit, und darüber zu reden, was wir tun sollten, war unmöglich. Wir unterhielten uns schließlich im Kreis um ihn herum und schrien über seinen Kopf hinweg. Tom kreischte und stampfte gerade mit den Füßen, weil kein Orangensaft mehr da war, und Sue war dabei, ihn zu besänftigen, als ich schnell zu Julie sagte: »Wo sollen wir sie hintun?« Sie sagte etwas, aber es ging in Toms Gequiek unter.

»In den Garten, unter den Steingarten«, wiederholte sie. Später weinte Tom ganz einfach seiner Mutter nach, und während ich ihn tröstete, sah ich, wie Julie Sue etwas erklärte und diese nickte und sich die Augen wischte. Beim Versuch, Tom abzulenken mit einer Unterhaltung über die Tunnels, die er im Sand gebaut hatte, kam mir auf einmal ein eigener Einfall. Ich verlor den Faden beim Reden, und Tom fing wieder an, laut zu weinen. Er schlief erst nach Mitternacht ein, und erst danach konnte ich meinen Schwestern sagen, daß ich den Garten nicht für einen guten Plan hielt. Wir würden tief graben müssen, und es würde viel Zeit kosten. Tagsüber würde uns jemand dabei beobachten, und in der Nacht wären Fackeln dazu nötig. Wir könnten von den Wohnblocks aus gesehen werden. Und wie wollten wir es vor Tom geheimhalten? Ich machte eine wirkungsvolle Pause. Ich hatte meinen Spaß daran, trotz allem. Ich hatte schon immer die Gentlemen-Verbrecher im Kino bewundert, die mit vornehmer Zurückhaltung den perfekten Mord diskutierten. Beim Sprechen berührte ich den Schlüssel in meiner Tasche, und mir drehte sich der Magen um. Ich fuhr zuversichtlich fort: »Und natürlich, wenn sie nachsehen kämen, würden sie zuerst den Garten aufgraben. So was liest man jeden Tag in der Zeitung.«

Julie beobachtete mich genau. Sie schien mich ernst zu nehmen, und als ich zu Ende war, sagte sie: »Also dann?«

Wir ließen Sue in der Küche bei Tom zurück. Sie war über meinen Einfall nicht zornig oder entsetzt. Sie war zu elend, um sich Gedanken darüber zu machen, und schüttelte langsam den Kopf wie eine traurige alte Dame. Draußen schien der Mond hell genug, daß wir die Schubkarre und eine Schaufel finden konnten. Wir schoben sie bis zum Vorgarten und füllten sie mit Sand. Wir kippten sechs Ladungen die Kohlenluke hinunter, dann standen wir draußen vor der Küche und wurden uns nicht einig über das Wasser. Ich sagte, wir müßten es in Eimern hinuntertragen. Julie sagte, es gebe unten einen Hahn. Wir fanden ihn schließlich in dem kleinen Raum, wo die ganzen alten Kleider und Spielsachen waren. Weil er weiter weg vom Schlafzimmer war, kam mir der Keller weniger furchterregend vor als das übrige Haus. Ich fühlte mich dunkel dazu berechtigt, das Schaufeln und Mischen zu übernehmen, aber Julie hatte die Schaufel schon gepackt und einen Sandhaufen gemacht. Sie schlitzte einen Zementsack auf und wartete, daß ich das

Wasser holte. Sie arbeitete sehr rasch, stülpte den riesigen Haufen um und wälzte ihn in sich zurück, bis ein steifer grauer Matsch daraus geworden war. Ich hob den Deckel von der großen Blechkiste, und Julie schaufelte den Zement hinein. Der Zement lag jetzt ungefähr fünfzehn Zentimeter hoch auf dem Kistenboden. Wir einigten uns auf eine zweite Fuhre, und diesmal machte ich die Mischung, und Julie holte das Wasser. Bei der Arbeit kam mir der ganze Zweck unseres Unternehmens nicht ein einziges Mal in den Kopf. Zement zu mischen, daran war nichts Sonderbares. Als der zweite Zementhaufen in der Kiste war, hatten wir drei Stunden lang gearbeitet. Wir gingen in die Küche hinauf, um Wasser zu trinken. Sue schlief in einem Sessel, und Tom lag mit dem Gesicht nach unten auf dem Sofa. Wir deckten Sue mit einem Mantel zu und kehrten in den Keller zurück. Die Kiste war jetzt fast halbvoll. Bevor wir Mutter herunterholten, so beschlossen wir, müßten wir einen wirklich großen Zementhaufen fertig haben. Wir brauchten lange, bis er geschafft war. Der Sand ging uns aus, und weil wir nur eine Schaufel hatten, gingen wir zu zweit noch mal in den Garten, um welchen zu holen. Im Osten wurde der Himmel schon hell. Wir fuhren fünfmal mit der Schubkarre. Ich überlegte laut, was wir Tom erzählen sollten, wenn er am Morgen entdeckte, daß sein Sand verschwunden war. Julie sagte, ihn nachäffend: »Weggeblast«, und wir kicherten müde.

Als unsere letzte Mischung fertig war, war es fünf Uhr. Fast eine Stunde lang hatten wir uns nicht angesehen oder miteinander gesprochen. Ich nahm den Schlüssel aus der Tasche, und Julie sagte: »Ich dachte, ich hätte ihn verloren, und dabei hast du ihn die ganze Zeit gehabt.« Ich ging hinter ihr die Kellertreppe hoch und in die Küche. Wir ruhten uns aus und tranken wieder Wasser. Im Wohnzimmer rückten wir einige Möbel beiseite und klemmten einen Schuh in die Tür, um sie offenzuhalten. Ich war es, der oben den Schlüssel umdrehte und die Tür aufstieß, aber Julie trat zuerst ins Zimmer. Sie wollte das Licht anmachen, besann sich dann jedoch anders. Das graublaue Licht gab allen Dingen im Zimmer ein flaches, zweidimensionales Aussehen. Es war, als träten wir in ein altes Foto von Mutters Schlafzimmer ein. Ich schaute nicht gleich zum Bett hin. Die Luft war feucht und stickig, als hätten hier mehrere Leute bei geschlossenem Fenster übernachtet. Über dieser Abgestandenheit lag ein schwacher, scharfer Geruch. Er war beim Atemholen, wenn die Lungen voll waren, obenauf gerade noch zu riechen. Ich atmete flach durch die Nase. Sie lag genauso da, wie wir sie zurückgelassen hatten, ganz wie das Bild, das sich immer eingestellt hatte, sobald ich die Augen schloß. Julie stand am Fußende und hielt die Arme um sich geschlungen. Ich trat näher und gab jeden Gedanken daran auf, daß wir sie je hochheben könnten. Ich wartete auf Julie, aber sie regte sich nicht. Ich sagte: »Wir können es nicht.«

Julies Stimme klang hoch und gepreßt, und sie sprach rasch, als wollte sie fröhlich und tatkräftig tun. »Wir wickeln sie ins Bettuch. Es wird schon nicht so schlimm. Wir machen schnell, dann wird es nicht so schlimm.« Aber sie regte sich noch immer nicht.

Ich setzte mich mit dem Rücken zum Bett an den Tisch, und sofort wurde Julie zornig.

»Schon recht«, sagte sie schnell, »überlaß nur alles mir. Warum machst *du* nicht erst mal was?«

»Und das wäre?«

»Sie in das Bettuch einwickeln. War doch *dein* Plan, oder?«

Ich wollte schlafen. Ich schloß die Augen und spürte eine schnelle, fallende Bewegung. Ich klammerte mich an die Tischkanten und stand auf. Julie sprach sanfter.

»Wenn wir das Bettuch auf dem Fußboden ausbreiten,

können wir sie herunterheben und drauflegen.« Ich ging auf meine Mutter zu und zog das Bettuch von ihr ab. Als ich es ausbreitete, ließ es sich mit aufgeblähten und in sich zurückschlagenden Ecken in einer so traumartigen Zeitlupenbewegung auf dem Fußboden nieder, daß ich vor Ungeduld keuchte. Ich packte meine Mutter bei der Schulter, schloß halb die Augen und schob sie vom Nachttisch aufs Bett zurück. Ich sah ihr nicht ins Gesicht. Sie schien mir zu widerstreben, und ich brauchte beide Hände, um sie zu bewegen. Jetzt lag sie auf der Seite, die Arme seltsam angewinkelt, der Leib verkrümmt und in der Stellung erstarrt, in der sie seit vorgestern gelegen hatte. Julie nahm sie bei den Füßen, und ich hielt sie unter den Schultern fest. Als wir sie auf das Bettuch niederlegten, sah sie so gebrechlich und traurig aus in ihrem Nachthemd, vor unseren Füßen liegend wie ein Vogel mit einem gebrochenen Flügel, daß ich zum erstenmal über sie weinte und nicht über mich. Sie ließ hinter sich auf dem Bett einen großen braunen Fleck zurück, dessen äußerer Rand in Gelb überging. Auch Julies Gesicht war naß, als wir neben Mutter niederknieten und sie in das Bettuch einzurollen versuchten. Das war schwierig, ihr Körper war so verkrümmt, daß er sich nicht drehen ließ.

»Es geht nicht. Es geht nicht«, rief Julie ärgerlich aus.

Schließlich gelang es uns, das Bettuch ein paarmal lose um sie zu schlagen. Sobald sie zugedeckt war, ging es leichter. Wir hoben sie hoch und trugen sie aus dem Schlafzimmer.

Wir brachten sie, jede Stufe einzeln, die Treppe hinunter, und unten in der Diele zogen wir das Bettuch wieder zurecht, wo es sich gelockert hatte. Mir taten die Handgelenke weh. Wir sprachen nicht darüber, aber wir wollten sie durchs Wohnzimmer hindurchtragen, ohne sie abzusetzen. Wir waren schon fast auf der anderen Seite bei der Küchentür, als ich mich links nach Sues Stuhl umsah. Sie saß da, den Mantel bis zum Kinn heraufgezogen, und sah uns beim Vorbeigehen zu. Ich wollte ihr etwas zuflüstern, aber bevor mir etwas einfiel, waren wir schon durch die Küchentür und manövrierten der Kellertreppe zu. Wir setzten sie schließlich einen Meter von der Kiste entfernt ab. Ich holte einen Eimer Wasser, um unseren riesigen Zementhaufen anzufeuchten, und als ich später vom Mischen aufsah, stand Sue in der Tür. Ich dachte, sie würde uns vielleicht stoppen wollen, aber als Julie und ich uns aufstellten, um den Körper hochzuheben, kam Sue herbei und packte ihn in der Mitte. Weil er sich nicht ausgestreckt hineinlegen ließ, war in der Kiste kaum Platz genug für ihn. Er sank einige Zentimeter in den Zement ein, der schon darin war. Ich drehte mich nach der Schaufel um, aber Julie hatte sie bereits in der Hand. Als sie die erste Schaufel nassen Zement über Mutters Füße ausleerte, tat Sue einen kleinen Schrei. Und dann, als Julie die Schaufel neu belud, ging Sue schnell zu dem Haufen hinüber, hob so viel Zement auf, wie ihre beiden Hände faßten, und warf ihn in die Kiste. Und dann warf sie Zement hinein, so schnell sie nur konnte. Auch Julie schaufelte schneller, wankte mit riesigen Ladungen zu der Kiste und rannte zurück, um eine neue zu holen. Ich tauchte mit den Händen tief in den Zement und warf eine schwere Ladung hinein. Wir arbeiteten wie die Besessenen. Bald waren nur noch ein paar Flecken vom Bettuch zu sehen, und dann waren auch sie verschwunden. Und immer noch machten wir weiter. Die einzigen Geräusche waren das Scharren der Schaufel und unser schweres Atmen. Als wir fertig waren und von dem Haufen nur noch ein feuchter Fleck auf dem Boden übrig war, floß der Zement in der Kiste beinahe über. Bevor wir nach oben gingen, standen wir noch da, sahen uns an, was wir gemacht hatten, und hielten den Atem an. Wir beschlossen, den Kistendeckel aufzulassen, damit der Zement schneller hart würde.

Teil zwei

6

Zwei oder drei Jahre bevor mein Vater starb, hatten meine Eltern zum Begräbnis eines ihrer letzten übriggebliebenen Verwandten gehen müssen. Vielleicht war's eine Tante meiner Mutter oder meines Vaters, vielleicht war's auch ein Onkel. Wer genau gestorben war, wurde nicht besprochen, wahrscheinlich, weil dieser Tod meinen Eltern sehr wenig bedeutete. Auf jeden Fall bedeutete er uns Kindern nichts. Uns interessierte viel mehr, daß wir fast den ganzen Tag allein zu Hause gelassen wurden und auf Tom aufpassen sollten. Mutter bereitete uns schon einige Tage im voraus auf unsere Pflichten vor. Sie würde unser Mittagessen vorkochen, und wir brauchten es nur noch aufzuwärmen, wenn wir hungrig wären. Sie zeigte uns der Reihe nach – Julie, Sue, dann mir –, wie der Herd anzumachen war, und nahm uns das Versprechen ab, dreimal nachzusehen, ob er richtig abgedreht war. Sie änderte ihren Entschluß und sagte, sie würde ein kaltes Mittagessen herrichten. Aber das ging auch nicht, entschied sie schließlich, weil es Winter war und wir nicht ohne etwas Warmes über Mittag auskommen konnten. Vater sagte uns seinerseits, was wir tun sollten, wenn jemand an die Haustür klopfte, obwohl natürlich noch nie jemand an die Haustür geklopft hatte. Er instruierte uns für den Fall, daß im Haus ein Brand ausbräche. Wir sollten nicht drinbleiben und ihn bekämpfen, sondern aus dem Haus zur nächsten Telefonzelle rennen, und unter keinen Umständen sollten wir Tom dabei vergessen. Wir sollten nicht im Keller unten spielen, wir sollten nicht das Bügeleisen reinstecken, noch sollten wir mit den Fingern in der Steckdose bohren. Wenn wir mit Tom aufs Klo gingen, sollten wir ihn die ganze Zeit festhalten.

Sie ließen uns diese Anweisungen feierlich wiederholen, bis sie in jeder Einzelheit stimmten, dann versammelten wir uns vor der Haustür und sahen zu, wie unsere Eltern in ihren schwarzen Kleidern zur Bushaltestelle gingen. Alle paar Meter drehten sie sich ängstlich um und winkten, und wir winkten fröhlich zurück. Als sie außer Sicht waren, schmetterte Julie mit dem Fuß die Tür zu, jauchzte auf und verpaßte mir, im selben Schwung herumschnellend, einen harten Stoß unten in die Rippen. Der Schlag ließ mich rückwärts gegen die Wand taumeln. Julie rannte, drci Stufen auf einmal nehmend, die Treppe hoch, sah zu mir herunter und lachte. Sue und ich rasten ihr nach, und oben machten wir eine wilde, hitzige Kissenschlacht. Später errichtete ich oben auf der Treppe aus Matratzen und Stühlen eine Barrikade, die meine Schwestern stürmen wollten. Sue füllte einen Ballon mit Wasser und warf ihn mir an den Kopf. Tom stand grinsend und tapsend am Fuß der Treppe. Eine Stunde später schiß er in seiner Aufregung in die Hose, und ein ausgesucht scharfer Geruch wehte die Treppe hinauf und unterbrach unseren Kampf. Julie und Sue verbündeten sich. Sie sagten, ich hätte mich darum zu kümmern, weil ich vom selben Geschlecht sei wie Tom. Ich berief mich unbehaglich auf die natürliche Ordnung und sagte, als Mädchen hätten offensichtlich sie die Pflicht, etwas zu unternehmen. Es kam zu keinem Beschluß, und unsere wilde Schlacht wurde fortgesetzt. Bald begann Tom zu heulen. Wir hörten wieder auf. Wir hoben Tom hoch, trugen ihn in sein Zimmer und legten ihn in sein großes Gitterbett. Julie holte sein Laufgeschirr und band ihn fest. Sein Geschrei war mittlerweile ohrenbetäubend und sein Gesicht knallrot. Wir klappten das Seitengitter hoch und eilten aus dem Zimmer, um so schnell wie möglich weit weg von dem Gestank und dem Geschrei zu sein. Sobald Toms Zimmertür zu war, konnten wir kaum noch etwas hören, und wir spielten völlig ungestört weiter.

Es dauerte nur ein paar Stunden, und doch erschien mir diese Zeit wie ein ganzer Abschnitt meiner Kindheit. Eine halbe Stunde bevor unsere Eltern zurückkamen, begannen wir, kichernd über die drohende Gefahr, unser Durcheinander aufzuräumen. Zusammen säuberten wir Tom. Wir entdeckten das Mittagessen, für das wir viel zu beschäftigt gewesen waren, und kippten es ins Klo. Den ganzen Abend waren wir außer uns wegen des gemeinsamen Geheimnisses. Im Pyjama drängelten wir uns zusammen in Julies Zimmer und sprachen darüber, daß wir es bald »wieder machen« wollten.

Als meine Mutter starb, lag unter meinen stärksten Regungen ein Gefühl von Abenteuer und Freiheit, das ich mir kaum einzugestehen wagte und das von der Erinnerung an diesen Tag vor fünf Jahren herstammte. Aber diesmal war es nicht aufregend. Die Tage waren zu lang, es war zu heiß, das Haus schien eingeschlafen. Wir saßen nicht einmal draußen, weil der Wind aus der Richtung der Wohnblocks und der Durchgangsstraßen dahinter einen feinen schwarzen Staub herwehte. Und so heiß es war, brach die Sonne doch nie ganz durch eine gelbliche Wolke hoch oben; alles, was ich ansah, floß ineinander und wirkte unbedeutend in dem hellen Licht. Tom war als einziger zufrieden, wenigstens tagsüber. Er hatte seinen Freund, mit dem er im Sand gespielt hatte. Tom schien nicht zu bemerken, daß der Sand weg war, und sein Freund erwähnte nie die Geschichte, die ich ihm über seine Mutter erzählt hatte. Sie spielten weiter oben an der Straße in und vor den verfallenen Fertighäusern. Abends, wenn sein Freund heimgegangen war, war Tom übellaunig und weinte leicht. Er kam meistens zu Julie, wenn er Aufmerksamkeit brauchte, und ging ihr auf die Nerven.

»Frag doch nicht dauernd *mich*«, fuhr sie ihn dann an. »Laß mich mal eine Minute in *Frieden*, Tom.« Aber das änderte nichts. Tom hatte fest beschlossen, daß Julie jetzt für ihn sorgen müsse. Er lief flennend hinter Julie her und schenkte Sue und mir keine Beachtung, wenn wir ihn ablenken wollten. Eines Abends, noch ziemlich früh, als Tom besonders lästig war und Julie gereizter als gewöhnlich, packte sie ihn im Wohnzimmer und riß ihm die Kleider herunter.

»So«, sagte sie immer wieder, »jetzt bist du dran.«

»Was machst du da?« sagte Sue über Toms Schluchzen hinweg.

»Wenn er bemuttert sein will«, schrie Julie, »dann soll er mal damit anfangen, daß er macht, was ich ihm sage. Er geht ins Bett.« Es war kaum fünf Uhr nachmittags. Als Tom nackt war, hörten wir sein Geschrei und einlaufendes Badewasser. Zehn Minuten danach stand Tom wieder vor uns und ließ sich, völlig gedrückt, von Julie nach oben in sein Zimmer führen. Sie kam herunter, klopfte sich nicht vorhandenen Staub von den Handflächen und lächelte breit.

»So was hat er gebraucht«, sagte sie.

»So was kannst du auch am besten«, sagte ich. Es klang säuerlicher, als ich wollte.

Julie trat mich leicht gegen den Fuß. »Paß bloß auf«, murmelte sie, »sonst bist du als nächster dran.«

Sobald wir unten im Keller fertig gewesen waren, waren Julie und ich ins Bett gegangen. Weil Sue in der Nacht etwas geschlafen hatte, blieb sie wach und paßte den Tag über auf Tom auf. Ich wachte spätnachmittags auf, überaus durstig und verschwitzt. Unten war niemand, aber ich meinte Toms Stimme irgendwo draußen zu hören. Als ich mich bückte, um vom Wasserhahn zu trinken, summte mir ein Schwarm Fliegen ums Gesicht. Ich ging auf den Außenkanten meiner nackten Füße, weil der Boden um das Becken mit etwas Gelbem und Klebrigem bedeckt war, wahrscheinlich verschütteter Orangensaft. Noch taumelig vor Schlaf, ging ich hinauf zu Sue ins Zimmer. Sie saß auf dem Bett mit dem Rücken gegen die Wand. Sie hatte die Knie hochgezogen und ein offenes Notizbuch im Schoß. Sie legte den Bleistift weg, als ich hereinkam, und klappte das Buch zu. Es war stickig, als wäre sie schon stundenlang hier. Ich setzte mich auf die Bettkante, ziemlich nah zu ihr. Ich wollte reden, aber nicht über die vergangene Nacht. Ich wollte, daß mir jemand den Kopf streichelte. Sue preßte die Lippen zusammen, als sei sie entschlossen, nicht als erste zu sprechen. »Was machst du?« sagte ich schließlich und starrte ihr Notizbuch an.

»Nichts«, sagte sie, »ich schreibe bloß.« Sie hielt das Notizbuch mit beiden Händen gegen den Bauch.

»Was schreibst du?«

Sie seufzte. »Nichts. Ich schreib bloß.«

Ich riß ihr das Buch aus den Händen, drehte ihr den Rükken zu und öffnete es. Bevor sie den Arm drüberlegen konnte, hatte ich Zeit, oben auf einer Seite zu lesen: »Dienstag, Liebe Mammi«.

»Gib das her«, schrie Sue, und ihre Stimme war so fremd, so unerwartet heftig, daß ich es ihr kampflos überließ. Sie legte das Buch unter ihr Kopfkissen und setzte sich auf die Bettkante und starrte auf die Wand vor sich. Sie war rot im Gesicht, und ihre Sommersprossen waren dunkler als sonst. Die Ader an ihrer Schläfe war hervorgetreten und klopfte zornig. Ich zuckte mit den Achseln und beschloß zu gehen, aber sie blickte nicht auf. Als ich durch die Tür war, schlug sie sie zu und schloß sie ab, und wie ich wegging, hörte ich sie weinen. Ich klopfte an ihre Tür und rief sie. Durch ihr Schluchzen sagte sie, ich solle weggehen, und das tat ich dann auch. Ich ging ins Bad und wusch mir den getrockneten Zement von den Händen.

Die ganze Woche nach dem Begräbnis hatten wir kein gekochtes Essen. Julie ging aufs Postamt Geld holen und kam

mit vollen Einkaufstaschen zurück, aber das mitgebrachte Fleisch und Gemüse lag unberührt herum, bis wir es wegwerfen mußten. Statt dessen aßen wir Brot, Käse, Erdnußbutter, Kekse und Obst. Tom stopfte sich mit Schokolade voll und brauchte sonst anscheinend nicht viel. Wenn jemand welchen machen wollte, tranken wir Tee, aber meistens nur Wasser aus der Leitung. Am Tag, als Julie die Einkäufe heimbrachte, gab sie Sue und mir je zwei Pfund.

»Wieviel kriegst du denn?« fragte ich sie.

Sie schnippte den Geldbeutel zu. »Dasselbe wie ihr«, sagte sie. »Der Rest ist für Essen und so.«

Bald danach war die Küche ein Ort des Gestanks und der Fliegenschwärme. Niemand hatte Lust, mehr dagegen zu tun, als die Küchentür geschlossen zu halten. Es war zu heiß. Dann warf jemand, nicht ich, das Fleisch weg. Aufgemuntert wusch ich ein paar Milchflaschen aus, hob leere Tüten auf und schlug etwa ein Dutzend Fliegen tot. Am selben Abend sagte Julie zu Sue und mir, wir müßten endlich was mit der Küche unternehmen. Ich sagte: »Ich hab dort heute eine Menge gemacht, was ihr zwei anscheinend gar nicht bemerkt habt.« Die Mädchen lachten.

»Zum Beispiel?« sagte Sue, und als ich es ihnen erzählte, lachten sie noch einmal, lauter als nötig.

»Na ja«, sagten sie zueinander, »dann hat er ja sein Teil für die nächsten paar Wochen getan.«

Ich entschied mich dafür, in der Küche nichts mehr anzurühren, und daraufhin beschlossen Julie und Sue, dort auch nicht aufzuräumen. Erst als wir ein paar Tage später ein Essen kochten, geschah endlich etwas. Mittlerweile hatten sich die Fliegen übers Haus verteilt, hingen in dünnen Schwärmen bei den Fenstern, wo sie sich mit einem andauernden Klicken gegen die Scheiben warfen.

Ich onanierte jeden Morgen und jeden Nachmittag und ließ mich durchs Haus treiben, von einem Zimmer ins andere, manchmal überrascht, mich auf einmal in meinem Zimmer zu finden, wo ich, auf dem Rücken liegend, an die Decke starrte, wenn ich doch in den Garten hatte gehen wollen. Ich betrachtete mich aufmerksam im Spiegel. Was war nicht richtig an mir? Ich versuchte, mir mit dem Spiegelbild meiner Augen Angst zu machen, aber ich wurde dabei nur ungeduldig und fühlte mich leise angeekelt. Ich stellte mich in die Mitte des Zimmers und hörte dem fernen, gleichmäßigen Verkehrslärm zu. Dann hörte ich die Stimmen der Kinder, die auf der Straße spielten. Die beiden Geräusche flossen ineinander und schienen mir oben auf den Kopf zu drücken. Ich legte mich wieder aufs Bett und schloß diesmal die Augen. Als mir eine Fliege übers Gesicht lief, wollte ich mich auf keinen Fall bewegen. Ich konnte es auf dem Bett nicht mehr aushalten, und doch widerte mich jede Tätigkeit an, schon wenn ich an sie dachte. Um mich aufzurappeln, dachte ich an meine Mutter unten. Sie war für mich nichts mehr als eine Tatsache. Ich stand auf, ging zum Fenster und blickte einige Minuten lang über das vertrocknete Unkraut hin zu den Wohnblocks. Dann suchte ich im Haus herauszufinden, ob Julie zurück war. Sie verschwand oft, gewöhnlich nachmittags und ganze Stunden lang. Wenn ich sie fragte, wo sie gewesen war, antwortete sie, ich solle mich nicht in ihre Sachen einmischen. Julie war nicht da, und Sue hatte sich in ihr Zimmer eingeschlossen. Wenn ich an ihre Tür klopfte, würde sie mich fragen, was ich wollte, und ich wüßte dann nicht, was ich sagen sollte. Ich dachte an die zwei Pfund. Ich ging hinten zum Haus hinaus und kletterte über den Zaun, damit Tom mich nicht sah und mitkommen wollte. Aus keinem bestimmten Grund fing ich an, zu den Geschäften hinzurennen.

Ich hatte keine Ahnung, was ich wollte. Ich dachte, ich würde es schon erkennen, wenn ich es sähe, und selbst wenn es teurer wäre als zwei Pfund, hätte ich dann doch etwas, was ich wollte, über das ich nachdenken konnte. Ich rannte, bis ich da war. Die Hauptgeschäftsstraße war leer bis auf die Autos. Es war Sonntag. Der einzige Mensch, der zu sehen war, war eine Frau in einem roten Mantel, die auf einer Fußgängerbrücke über der Straße stand. Ich wunderte mich, daß sie bei einer solchen Hitze einen roten Mantel trug. Sie wunderte sich vielleicht, daß ich rannte, denn sie schien zu mir herzustarren. Sie war noch weit weg, aber sie kam mir bekannt vor. Sie konnte gut eine Lehrerin an meiner Schule sein. Ich ging auf die Fußgängerbrücke zu, weil ich nicht so schnell umkehren wollte. Beim Gehen starrte ich links in die Schaufenster. Ich traf ungern Lehrer auf der Straße. Ich dachte, ich könnte unter ihr durchgehen, wenn sie noch dastand, und so tun, als hätte ich sie nicht gesehen. Aber fünfzig Meter vor der Brücke konnte ich nicht widerstehen und blickte hinauf. Die Frau war meine Mutter, und sie sah mich direkt an. Ich blieb stehen. Sie hatte ihr Gewicht von einem auf den anderen Fuß verlagert, aber sie rührte sich nicht von der Stelle. Ich ging weiter auf sie zu. Ich fand es schwierig, meine Beine in Bewegung zu setzen, und mein Herz klopfte so schnell, daß ich sicher war, mir würde übel werden. Als ich fast unter der Brücke war, blieb ich wieder stehen und blickte hinauf. Mit dem Wiedererkennen überkam mich große Erleichterung, und ich lachte laut. Es war natürlich nicht Mutter, es war Julie in einem Mantel, den ich noch nie gesehen hatte.

»Julie!« rief ich hinauf, »ich dachte, du . . .« Ich rannte unter der Brücke durch und eine Holztreppe hoch. Vor ihr stehend, sah ich, daß es auch nicht Julie war. Sie hatte ein mageres Gesicht und strähniges grauweißes Haar. Ich konnte nicht erkennen, ob sie jung oder alt war. Sie steckte die Hände tief in die Taschen und schwankte leicht.

»Hab kein Geld nich«, sagte sie, »also rühr mich nicht an.«

Auf dem Nachhauseweg kam die Leere zurück, und das Tagesereignis verlor allmählich jede Bedeutung. Ich ging gradewegs hinauf in mein Zimmer, und obwohl ich niemand traf oder hörte, wußte ich, daß die andern zu Haus waren. Ich zog mich ganz aus und legte mich unters Bettuch. Einige Zeit darauf wurde ich von schrillem Lachen aus einem schweren Schlaf geweckt. Ich war neugierig, aber aus irgendeinem Grund bewegte ich mich nicht gleich. Ich wollte lieber zuhören. Die Stimmen waren die von Julie und Sue. Nach jedem Lachausbruch machten sie ein seufzendes, singendes Geräusch, das in unverständliche Worte überging. Dann begann das Lachen von neuem. Ich war reizbar nach meinem plötzlichen Schlaf. Mein Kopf fühlte sich eng und eingeschrumpft an, die Dinge im Zimmer schienen bedrängend, verkeilt in den Raum, den sie einnahmen, und zum Bersten gespannt. Meine Kleider wirkten, als wären sie aus Stahl, bevor ich sie aufhob und anzog. Als ich angekleidet war, stellte ich mich vor mein Zimmer und horchte. Ich hörte nur eine murmelnde Stimme und einen knarrenden Stuhl. Ich ging so leise wie möglich die Treppe hinunter. Ich hatte den starken Wunsch, meine Schwestern zu belauschen, unter ihnen und doch unsichtbar zu sein. Unten in der Diele war es völlig dunkel. Ich konnte ein Stückchen entfernt von der offenen Wohnzimmertür stehen, ohne entdeckt zu werden. Sue konnte ich deutlich sehen, sie saß am Tisch und schnitt etwas mit einer großen Schere zu. Julie, die zum Teil vom Türrahmen verdeckt war, stand mit dem Rücken zu mir, und ich konnte nicht sehen, was sie machte. Ihr Arm bewegte sich mit einem schwachen, schabenden Geräusch hin und her. Als ich mich bewegte, um besser sehen zu können, trat ein kleines Mädchen von Julie weg und stellte sich neben Sue. Julie drehte sich ebenfalls um und stellte sich hinter das Mädchen, eine Hand auf seine Schulter legend. In der anderen Hand hielt sie eine Haarbürste. Eine Zeitlang blieben sie so gruppiert, ohne zu sprechen. Als Sue sich etwas drehte, sah ich, daß sie blauen Stoff zerschnitt. Das kleine Mädchen lehnte sich zurück gegen Julie, die unter seinem Kinn die Hände verschränkte und ihm mit der Haarbürste sanft auf die Brust klopfte.

Sobald das kleine Mädchen sprach, wußte ich natürlich, daß es Tom war. Er sagte: »Das dauert aber lange, nicht?«, und Sue nickte. Ich ging ein paar Schritte weit ins Zimmer und wurde nicht bemerkt. Tom und Julie sahen gespannt Sue zu, die einen ihrer Schulröcke änderte. Sie hatte ihn gekürzt und fing jetzt an zu nähen. Tom trug ein orangefarbenes Kleid, das mir bekannt vorkam, und irgendwo hatten sie eine Perücke aufgegabelt. Sein Haar war blond und dicht gelockt. Wie leicht es war, jemand anders zu sein. Ich verschränkte die Arme und hielt mich umschlungen. Es sind nur Kleider und eine Perücke, dachte ich, Tom ist verkleidet. Aber ich sah eine andere Person, jemand, der ein ganz anderes Leben vor sich hatte als Tom. Ich war aufgeregt und verängstigt. Ich preßte die Hände zusammen, und die Bewegung ließ alle drei sich umdrehen und mich anschauen.

»Was macht ihr da?« fragte ich nach einer Pause.

»Ihn verkleiden«, sagte Sue und wandte sich wieder dem Nähen zu.

Tom sah kurz zu mir herüber, drehte sich halb dem Tisch zu, an dem Sue arbeitete, und starrte unverwandt in eine Zimmerecke. Er spielte mit dem Saum seines Kleides und rollte den Stoff zwischen Zeigefinger und Daumen.

»Was soll das Ganze?« sagte ich.

Julie zuckte die Achseln und lächelte. Sie trug ausgebleichte Jeans, die sie bis über die Knie hochgekrempelt hatte, und ein offenes Hemd über ihrem Bikinioberteil. Sie hatte sich ein Stück blaues Band ins Haar geknüpft und hielt ein zweites in der Hand, das sie sich um den Finger wickelte.

Julie kam und stellte sich vor mich hin. »Ach, komm«, sagte sie, »lach doch mal, du trübe Tasse.« Sie roch süß nach ihrem Sonnenöl, und ich konnte die Wärme spüren, die von ihrer Haut ausging. Sie mußte den ganzen Tag irgendwo in der Sonne gewesen sein. Sie wickelte sich das Band vom Finger und drapierte es mir um den Hals. Ich schob ihre Hände weg, als sie mir unter dem Kinn eine Schleife zu binden begann, aber ich tat es ohne Überzeugung, und sie beharrte und knüpfte den Knoten zu Ende. Sie nahm mich bei der Hand, und ich ging hinter meiner Schwester her zum Tisch.

»Hier ist noch einer«, sagte sie zu Sue, »der kein Miesepeter mehr sein will.« Ich hätte mir gern das Band abgemacht, aber ich wollte Julies Hand nicht loslassen, die trocken und kühl war. Nun sahen wir alle Sue über die Schulter zu. Ich hatte nie bemerkt, wie geschickt sie beim Nähen war. Ihre Hand flog vor und zurück mit der Regelmäßigkeit eines Weberschiffchens. Und doch kam sie im ganzen nur langsam voran, und ich wurde sehr ungeduldig. Ich wollte den Stoff, die Steck- und Nähnadeln alle mit einer Bewegung auf den Fußboden fegen. Wir mußten ja warten, bis sie fertig war, bevor wir sprechen konnten, bevor etwas anderes geschehen konnte. Endlich riß sie mit einem scharfen Ruck aus den Handgelenken den Faden ab und stand auf. Julie ließ meine Hand los und stellte sich hinter Tom. Er hob die Hände, und sie zog ihm das Kleid hinauf über den Kopf. Darunter trug er sein eigenes weißes Hemd. Sue half Tom in den blauen Faltenrock, und Julie knotete ihm eine von Sues Schulkrawatten um den Hals. Ich sah zu und befühlte mein blaues Band. Wenn ich es abnahm, wurde ich wieder zum Zuschauer und mußte Stellung beziehen zu dem, was vorging. Tom zog weiße Socken an, und Sue holte ihre Barettmütze. Die Mädchen lachten und schwatzten bei diesen Vorbereitungen. Sue erzählte Julie die Geschichte von einer

Schulfreundin, die sich das Haar sehr kurz geschnitten hatte. Sie kam in Hosen zur Schule, ging in den Umkleideraum für die Jungen und sah sie alle vor den Pißbecken stehen. Beim Anblick der ganzen langen Reihe war sie laut herausgeplatzt und hatte sich verraten.

»Ist er nicht hübsch?« sagte Julie. Während wir ihn betrachteten, stand Tom vollkommen still, die Hände auf dem Rücken und den Blick gesenkt. Wenn ihm die Verkleidung Spaß machte, ließ er es sich nicht anmerken. Er ging in die Diele hinaus, um sich in dem hohen Spiegel zu bewundern. Ich sah ihm durch die Tür zu. Er stand seitlich zu seinem Spiegelbild und starrte sich über die Schulter an.

Während Tom aus dem Zimmer war, nahm Julie meine beiden Hände in ihre und sagte: »Was machen wir jetzt mit Miesepeter?« Ihre Augen wanderten über mein Gesicht. »Du wirst kein so hübsches Mädchen abgeben wie Tom, mit deinen schrecklichen Pickeln.«

Sue, die jetzt neben mir stand, zog an einer Strähne meines Haars und sagte: »Und mit dem langen fettigen Haar, das er nie wäscht.«

»Und mit den gelben Zähnen«, sagte Julie.

»Und mit den Schweißfüßen«, sagte Sue.

Julie drehte meine Hände mit den Flächen nach unten. »Und mit den dreckigen Fingernägeln.«

Die Mädchen stierten auf meine Fingernägel und gaben übertriebene Laute des Ekels von sich. Tom sah von der Tür aus zu. Mir gefiel es ganz gut, so dazustehen und untersucht zu werden.

»Schau dir den an«, sagte Sue, und ich spürte ihre Berührung am Zeigefinger, »er ist grün *und* rot unter dem Rand.« Sie lachten und schienen überaus entzückt von allem, was sie entdeckten.

»Was ist das?« sagte ich und blickte zur anderen Seite des Zimmers. Unter einem Stuhl fast verborgen lag ein langer

Karton mit halbgeöffnetem Deckel. Weißes Seidenpapier quoll aus einer Ecke.

»Ah!« rief Sue. »Das gehört Julie.«

Ich ging durchs Zimmer und zog die Schachtel unter dem Stuhl hervor. Eingebettet in weißes und orangefarbenes Seidenpapier lag darin ein Paar halbhoher Stiefel. Sie waren tiefbraun und verströmten einen teuren Duft von Leder und Parfüm.

Mit dem Rücken zu mir faltete Julie langsam und sorgfältig das orangefarbene Kleid zusammen, das Tom vorher getragen hatte.

Ich hielt einen Stiefel hoch. »Wo hast du die her?«

»Aus einem Geschäft«, sagte Julie, ohne sich umzudrehen.

»Wieviel?«

»Nicht viel.«

Sue war ganz aufgeregt. »Julie!« sagte sie laut flüsternd. »Die haben achtunddreißig Pfund gekostet.«

Ich sagte: »Achtunddreißig Pfund hast du dafür gezahlt?«

Julie schüttelte den Kopf und klemmte sich das orangefarbene Kleid unter den Arm. Mir fiel das lächerliche Band um meinen Hals ein, und ich wollte es abreißen, aber es gab nicht nach, die Schleife wurde zu einem Knoten. Sue fing an zu lachen. Julie ging aus dem Zimmer.

»Du hast sie geklaut«, sagte ich, und sie schüttelte wieder den Kopf. Immer noch mit dem Stiefel in der Hand ging ich ihr auf die Treppe nach. Als wir in ihrem Zimmer waren, sagte ich: »Du hast Sue und mir jedem zwei Pfund gegeben und dir dann Stiefel für achtunddreißig Pfund gekauft.«

Julie setzte sich vor den Spiegel, den sie an der Wand befestigt hatte, und fuhr sich mit einer Bürste durchs Haar. »Falsch«, sagte sie mit glockenheller Stimme, als wären wir bei einem Ratespiel.

Ich warf den Stiefel aufs Bett und nahm beide Hände, um das Band um meinen Hals zu zerreißen. Der Knoten wurde kleiner und hart wie Stein. Julie streckte die Arme aus und gähnte.

»Wenn du sie nicht gekauft hast«, sagte ich, »dann mußt du sie geklaut haben.«

Sie sagte: »Irrtum« und behielt den Mund mit einer Art spöttischem Lächeln geschürzt.

»Was dann?« Ich stand genau hinter ihr. Sie schaute im Spiegel sich selbst an, nicht mich.

»Kannst du dir nichts anderes vorstellen?«

Ich schüttelte den Kopf. »Es gibt nichts anderes, außer, du hast sie selbst gemacht.«

Julie lachte. »Hat dir noch nie jemand etwas geschenkt?«

»Wer hat sie dir geschenkt?«

»Ein freundliches Wesen.«

»Was für eins?«

»Äh, äh, da müßte ich wen verraten.«

»Ein Typ.«

Julie stand auf, drehte sich um, um mich anzusehen, und preßte die Lippen zusammen zu einer kleinen Beere. »Natürlich ist er ein Typ«, sagte sie schließlich. Ich hatte die verschwommene Vorstellung, als Julies Bruder hätte ich ein Recht, sie über ihren Freund auszufragen. Aber nichts an Julie bestärkte diesen Gedanken, und ich fühlte mehr Niedergeschlagenheit als Neugier. Sie nahm eine Nagelschere vom Nachttisch und schnitt das Band nahe am Knoten durch. Als sie es abzog und zu Boden fallen ließ, sagte sie: »So« und küßte mich leicht auf den Mund.

7

Drei Wochen nach Mutters Tod begann ich das Buch, das Sue mir zum Geburtstag geschenkt hatte, noch einmal zu lesen. Ich war überrascht, wieviel mir entgangen war. Mir war nie aufgefallen, wie genau es Commander Hunt mit der Sauberkeit und Ordnung im Schiff nahm, besonders auf den wirklich langen Weltraumfahrten. Jeden Tag, den alten Erdentag natürlich, kletterte er eine Leiter aus rostfreiem Stahl hinunter und inspizierte die Mannschaftsmesse. Kippen, Plastikbesteck, alte Zeitschriften, Tassen und verschütteter Kaffee schwebten unordentlich durch den Raum. »Jetzt, wo uns keine Schwerkraft mehr die Sachen an ihrem Platz hält«, sagte Commander Hunt zu den Computertechnikern, die in der Raumschiffahrt noch Neulinge waren, »müssen wir uns besonders anstrengen, daß Ordnung herrscht.« Und während der langen Stunden, wo keine dringenden Entscheidungen zu fällen waren, verbrachte Commander Hunt seine Zeit damit, »wieder und wieder die Meisterwerke der Weltliteratur zu lesen und seine Gedanken dazu in einem dicken Tagebuch mit einem Stahleinband niederzuschreiben, während Cosmo, sein getreuer Wachhund, ihm zu Füßen vor sich hindöste.« Commander Hunts Raumschiff durcheilte das All mit einem Hundertstel Lichtgeschwindigkeit, um nach der Energiequelle zu suchen, die die Sporen in ein Monster verwandelt hatte. Ich überlegte, ob er sich um die Ordnung in der Messe oder um die Weltliteratur auch dann gekümmert hätte, wenn das Schiff völlig bewegungslos im Weltraum festgesessen hätte.

Sobald ich das Buch durch hatte, trug ich es hinunter, um es Julie oder Sue zu geben. Ich wollte, daß es noch jemand anders las. Ich fand Julie allein im Wohnzimmer in einem Sessel sitzend, die Füße unter sich gezogen. Sie rauchte eine Zigarette, und als ich ins Zimmer kam, beugte sie den Kopf zurück und blies eine Rauchsäule gegen die Decke. Ich sagte: »Ich wußte nicht, daß du rauchst.« Sie nahm noch einen Zug und nickte knapp. Ich ging mit dem Buch auf sie zu. »Das solltest du lesen«, sagte ich und gab es ihr in die Hand.

Julie starrte eine Zeitlang den Umschlag an, und ich stand

hinter ihrem Stuhl und betrachtete ihn auch. Das Monster ähnelte einem Octopus und griff gerade ein Raumschiff an. In der Ferne raste das Schiff von Commander Hunt zur Rettung herbei. Ich hatte mir den Umschlag noch nicht genau angesehen, und jetzt schien er mir lächerlich. Ich schämte mich dafür, als hätte ich ihn selbst gemalt. Julie reichte mir das Buch über die Schulter zurück. Sie hielt es an einer Ecke fest.

»Der Umschlag ist nicht besonders«, sagte ich, »aber es stehen ein paar wirklich gute Sachen drin.«

Julie schüttelte den Kopf und stieß erneut Rauch aus, diesmal quer durchs Zimmer. »Nicht meine Art von Buch«, sagte sie.

Ich legte das Buch umgedreht auf den Tisch und ging um den Stuhl, bis ich vor ihr stand. »Was soll das heißen?« sagte ich. »Woher weißt du, was für eine Art von Buch das ist?«

Julie zuckte die Achseln. »Mir ist sowieso nicht nach Lesen.«

»Dir würde schon danach werden, wenn du mit dem hier anfingst.« Ich hob das Buch wieder auf und schaute es an. Ich wußte nicht, warum mir soviel daran lag, daß es jemand anders las.

Auf einmal beugte sich Julie vor und nahm mir das Buch aus der Hand. »Also gut«, sagte sie, »wenn du wirklich willst, dann lese ich es.« Sie sprach wie mit einem Kind, das kurz vor den Tränen ist.

Ich ärgerte mich. Ich sagte: »Lies es nicht einfach nur mir zuliebe« und wollte es ihr wieder wegnehmen.

Sie hielt das Buch so, daß ich es nicht erreichen konnte. »Nein, nein«, sagte sie durch ein Lächeln hindurch, »natürlich nicht.« Ich griff nach ihrem Handgelenk und bog es nach hinten. Julie nahm das Buch in die andere Hand und schob es sich unter den Hintern. »Du tust mir weh.«

»Gib's wieder her«, sagte ich, »es ist nicht deine Art von

Buch.« Ich zog sie zur Seite, so daß das Buch offen dalag. Sie überließ es mir ohne weiteren Kampf, und ich trug es in die andere Zimmerecke.

Julie starrte mich an und rieb sich das Handgelenk. »Was ist denn mit dir los?« sagte sie fast flüsternd. »Du gehörst hinter Schloß und Riegel.«

Ich nahm keine Notiz von ihr und setzte mich.

Lange Zeit saßen wir schweigend auf den gegenüberliegenden Seiten des Zimmers. Julie zündete sich eine zweite Zigarette an, und ich sah mir bestimmte Abschnitte in meinem Buch an. Meine Augen bewegten sich die Druckzeilen entlang, aber ich nahm nichts auf. Ich wollte Julie etwas Versöhnliches sagen, bevor ich aus dem Zimmer ging. Aber mir fiel nichts ein, was nicht dumm geklungen hätte. Und außerdem, sagte ich mir, hatte sie es sich selbst zuzuschreiben. Am Tag zuvor hatte ich Tom zum Weinen gebracht, indem ich ihm mit dem Fingernagel gegen den Kopf schnippte. Er hatte vor meiner Zimmertür Krach gemacht und mich aufgeweckt. Er lag auf dem Boden, hielt den Kopf umklammert und schrie so laut, daß Sue aus ihrem Zimmer gerannt kam.

»Er ist selber schuld«, sagte ich, »wenn er in aller Frühe einen solchen Lärm macht.«

»In aller Frühe!« sagte sie laut über Toms Schreie hinweg. »Es ist fast eins.«

»Also für mich ist das immer noch in aller Frühe«, rief ich und ging wieder ins Bett.

Für mich hatte Aufstehen keinen großen Sinn. Das Essen war nicht sonderlich interessant, und ich hatte als einziger nichts zu tun. Tom spielte den ganzen Tag draußen, Sue las in ihrem Zimmer oder schrieb etwas in ihr Notizbuch, und Julie ging mit ihrem unbekannten Stiefelverehrer aus. Und wenn sie nicht aus war, machte sie sich dafür zurecht. Sie nahm lange Bäder, die das Haus mit einem süßen Geruch erfüllten, der stärker war als der Küchenmief. Sie verwandte viel Zeit darauf, sich die Haare zu waschen und zu bürsten, und stellte alles mögliche mit ihren Augen an. Sie trug Kleider, die ich nie gesehen hatte, eine Seidenbluse und einen braunen Samtrock. Ich wachte am späten Morgen auf, onanierte und glitt wieder in den Schlaf. Ich hatte schlechte, wenn auch nicht gerade Alpträume, aus denen ich mich ins Wachsein durchkämpfte. Ich gab meine zwei Pfund für Fish-and-Chips aus, und wenn ich von Julie dann noch mehr Geld haben wollte, gab sie mir wortlos einen Fünfer. Tagsüber hörte ich Radio. Ich erwog, im Spätsommer wieder zur Schule zu gehen, und dann wieder, mir einen Job zu suchen. Beides zog mich nicht an. Nachmittags schlief ich manchmal im Sessel ein, obwohl ich erst ein paar Stunden wach gewesen war. Ich sah im Spiegel, wie sich die Pickel vom Gesicht seitlich über den Hals ausbreiteten. Ich fragte mich, ob sie schließlich meinen ganzen Körper bedecken würden, und auch das wäre mir ziemlich gleich gewesen.

Schließlich räusperte sich Julie und sagte: »Und jetzt?« Ich sah an ihr vorbei zur Küchentür.

»Wir räumen die Küche auf«, sagte ich unvermittelt.

Das war genau der richtige Satz. Julie stand sofort auf und äffte einen Kinogangster nach, dem die Zigarettenkippe aus dem Mundwinkel baumelte. »Jetzt kommen wir zur Sache, Mann, endlich zur Sache.« Sie streckte mir die Hand hin und zog mich aus dem Stuhl.

»Ich hole Sue«, sagte ich, aber Julie schüttelte den Kopf. Sie hielt sich eine nichtvorhandene MP an die Hüfte, sprang in die Küche und schoß das Ganze in Stücke, die verschimmelten Teller, die Mücken und Schmeißfliegen, den riesigen Müllstapel, der umgefallen war und sich über den Boden verteilt hatte. Julie mähte das alles nieder mit denselben Stottergeräuschen hinten aus der Kehle, wie sie Tom bei seinen Schießspielen gebrauchte. Ich stand da und überlegte, ob ich mitmachen sollte. Julie wirbelte herum und pumpte mir den Bauch voll Blei. Ich brach zu ihren Füßen auf dem Boden zusammen, ein Butterbrotpapier grade vor der Nase. Julie griff sich ein Haarbüschel von mir und zog mir den Kopf nach hinten. Sie tauschte die Pistole gegen ein Messer aus, hielt es mir an die Kehle und sagte: »Noch einmal Ärger mit dir, und du hast es da drin stecken.« Dann kniete sie sich hin und drückte mir die Faust in die Leiste. »Oder hier«, sagte sie dramatisch, und wir lachten alle zwei. Auf einmal war Julies Spiel vorüber. Wir kehrten den Müll zusammen, stopften ihn in Pappschachteln und trugen sie in die Mülltonnen. Sue hörte uns und kam uns helfen. Wir räumten den Ausguß aus, wuschen die Wände ab und schrubbten den Boden. Sue und ich spülten das Geschirr, und Julie kaufte inzwischen etwas für ein warmes Essen ein. Als sie zurückkam, waren wir grade fertig und fingen an, Gemüse für einen großen Eintopf zu schneiden. Als er vor sich hin kochte, räumten Julie und Sue das Wohnzimmer auf, und ich ging nach draußen, um die Fenster zu putzen. Durch eine Wasserschicht sah ich verschwommen meine Schwestern sämtliche Möbel in die Zimmermitte rücken, und zum erstenmal seit Wochen war ich glücklich. Ich fühlte mich sicher, als wäre ich bei einer mächtigen Geheimarmee. Wir arbeiteten über vier Stunden lang, nahmen uns eins nach dem andern vor, und ich war mir meiner Existenz kaum bewußt.

Ich trug ein paar Fußmatten und einen kleinen Teppich in den Garten und klopfte mit einem Stock den Staub heraus. Als ich damit schon ziemlich weit war, hörte ich ein Geräusch hinter mir und drehte mich um. Es war Tom mit seinem Freund aus dem Wohnblock. Tom trug Sues Schuluniform, und seine Knie waren vom Hinfallen blutig. Tom spielte jetzt ziemlich oft in Sues Rock auf der Straße. Keins der Kinder zog ihn dafür auf, wie ich erwartet hätte. Sie schienen es nicht einmal zu bemerken. Ich konnte das nicht begreifen. In Toms Alter, überhaupt in jedem Alter, hätte ich mich nicht einmal tot in den Röcken meiner Schwestern ertappen lassen. Er hielt seinen Freund an der Hand, und ich arbeitete weiter. Toms Freund trug um den Hals einen Schal, dessen Muster mir bekannt vorkam. Sie unterhielten sich kurz über etwas, das ich bei dem Lärm, den ich machte, nicht verstehen konnte. Dann sagte Tom laut: »Für was machst du das?« Ich sagte es ihm und fragte: »Warum hast du einen Rock an?« Tom antwortete nicht. Ich schlug noch ein paarmal auf den Teppich ein, hörte wieder auf und sagte zu Toms Freund: »Warum hat Tom einen Rock an?«

»Es ist ein Spiel von uns«, sagte er, »Tom ist Julie.«

Ich sagte: »Und wer bist du?«

Der Junge antwortete nicht. Ich hob den Stock, und als ich ihn niedersausen ließ, sagte Tom: »Er ist du.«

»Hast du gesagt, ich?« Sie nickten beide. Ich warf den Stock weg und zog die Fußmatten von der Wäscheleine. Ich sagte: »Und was macht ihr in eurem Spiel?«

Toms Freund zuckte mit den Achseln. »Nichts weiter.«

»Streitet ihr miteinander?« Ich wollte Tom in meine Frage mit einbeziehen, aber er schaute woanders hin. Der andere Junge schüttelte den Kopf. Ich legte die Fußmatten und den Teppich übereinander. »Seid ihr befreundet in eurem Spiel? Haltet ihr Händchen?« Sie ließen ihre Hände los und lachten.

Tom kam hinter mir ins Haus, doch sein Freund blieb vor der Küchentür stehen. Er rief Tom zu: »Ich geh nach Hause« und ließ es wie eine Frage klingen. Tom nickte, ohne sich umzudrehen. Im Wohnzimmer waren Teller für vier auf dem Tisch, und auf jeder Seite lagen Messer und Gabel. In der Mitte des Tisches standen eine Flasche Tomatensoße und ein Eierbecher voll Salz. Jeder Teller hatte seinen Stuhl. Als wären wir richtige Leute, dachte ich. Tom ging nach oben, um Julie und Sue zu suchen, und ich lief zwischen Küche und Wohnzimmer hin und her wie Commander Hunt bei der Messeinspektion. Zweimal bückte ich mich und hob Fusseln vom Teppich auf. An einem angeschraubten Haken an der Kellertür hing ein Einkaufsnetz aus heller Schnur. Unten im Netz waren zwei Äpfel und zwei Apfelsinen. Ich stieß das Netz mit dem Finger an und ließ es wie ein Pendel schaukeln. Es bewegte sich nach einer Richtung leichter als nach der andern, und erst nach einiger Zeit fand ich heraus, daß das an der Form der Henkel lag. Ohne nachzudenken, zog ich die Kellertür auf, drehte das Licht an und rannte die Treppe hinunter.

Die Schaufel lag mitten in einem großen, runden, eingetrockneten Zementfleck. Sie erinnerte mich an den Stundenzeiger einer großen kaputten Uhr. Ich versuchte mir ins Gedächtnis zu rufen, wer von uns sie zuletzt benutzt hatte, aber ich hatte jetzt keine klare Erinnerung mehr an den Ablauf der Dinge. Ich hob die Schaufel auf und lehnte sie an die Wand. Der Kistendeckel stand offen, so wie wir ihn verlassen hatten. Das wußte ich noch. Ich fuhr mit der Hand über den Beton in der Kiste. Es war ein sehr helles Grau und fühlte sich warm an. Feiner Staub setzte sich auf meiner Hand fest. Ich bemerkte, daß quer über die Oberfläche ein feiner Riß lief, der sich am Ende gabelte. Ich kniete mich hin, hielt die Nase daran und schnüffelte. Da war ein sehr deutlicher süßer Geruch, aber als ich aufstand, wurde mir klar, daß ich den Eintopf von oben gerochen hatte. Ich setzte mich auf einen Hocker neben der Kiste und dachte an meine Mutter. Ich versuchte angestrengt, mir in der Vorstellung ein Bild von ihrem Gesicht zu machen. Der ovale Umriß eines Gesichts war da, aber die Züge innerhalb dieser Form standen nicht still, oder sie lösten sich ineinander auf, und aus dem Oval wurde eine Glühbirne. Wenn ich die Augen schloß, sah ich tatsächlich eine Glühbirne. Einmal erschien kurz das Gesicht meiner Mutter, vom Oval umrahmt und mit einem unnatürlichen Lächeln, wie sie es für Schnappschüsse aufsetzte. Ich dachte mir Sätze aus und wollte sie sie sagen lassen. Aber ich konnte mir nichts aus ihrem Mund vorstellen. Die einfachsten Sachen wie »Gib mir das Buch herüber« oder »Gute Nacht« klangen nicht wie etwas, was sie hätte sagen können. Hatte sie eine tiefe oder hohe Stimme? Hatte sie jemals einen Witz gemacht? Sie war seit weniger als einem Monat tot und lag in der Kiste neben mir. Nicht einmal das war gewiß. Ich wollte sie ausgraben und nachsehen.

Ich fuhr mit dem Fingernagel den feinen Sprung entlang. Es war mir jetzt überhaupt nicht mehr klar, warum wir sie in die Kiste getan hatten. Damals war das klar gewesen: um die Familie zusammenzuhalten. War das ein guter Grund? Es wäre vielleicht interessanter, getrennt zu leben. Ich konnte auch nicht mehr herausfinden, ob wir etwas Gewöhnliches getan hatten, etwas Verständliches, auch wenn es ein Fehler gewesen war, oder ob es etwas so Sonderbares war, daß es bei seiner Entdeckung zur Schlagzeile im ganzen Land würde. Oder keins von beidem, etwas unten in den Lokalnachrichten, an das man sich später nicht mehr erinnern konnte. Wie das Bild von ihrem Gesicht löste sich auch jeder meiner Gedanken in Nichts auf.

Die Unmöglichkeit, irgend etwas sicher zu wissen oder zu fühlen, erzeugte in mir einen starken Drang zu onanieren. Ich steckte die Hände in die Hose, aber als ich hinuntersah zwischen meine Beine, sah ich dort etwas Rotes. Ich sprang erstaunt auf. Der Hocker, auf dem ich gesessen hatte, war hellrot. Er war vor langer Zeit von meinem Vater gestrichen worden und gehörte ins untere Bad. Julie oder Sue mußte ihn heruntergetragen haben, um sich neben die Kiste zu setzen. Aber anstatt mich zu beruhigen, machte mir dieser Gedanke Angst. Über Mutter sprachen wir fast gar nicht miteinander. Sie war jedermanns Geheimnis. Sogar Tom erwähnte sie selten und weinte ihr nur noch gelegentlich nach. Ich sah mich im Keller nach anderen Spuren um, fand aber keine. Ich wandte mich zum Gehen, und als ich unten die Treppe hinaufstieg, sah ich oben Sue stehen und mir zuschauen.

»Ich dachte mir schon, daß du das warst da unten«, sagte sie, als ich oben bei ihr ankam. Sie hatte einen Teller in der Hand.

Ich sagte: »Es hat einen Sprung, hast du gesehen?«

»Er wird breiter«, sagte sie schnell, »aber weißt du was?« Ich zuckte die Achseln. »Es kommt jemand zum Tee.« Ich drängte an ihr vorbei in die Küche, aber dort war niemand. Sue machte das Kellerlicht aus und schloß die Tür zu.

»Wer?« Ich sah jetzt, daß Sue sehr aufgeregt war.

»Derek«, sagte sie. »Der Typ von Julie.« Im Wohnzimmer sah ich ihr zu, wie sie den zusätzlichen Teller hinstellte. Sie führte mich zum Fuß der Treppe, deutete nach oben und flüsterte: »Hör mal.« Ich hörte Julies Stimme und dann, darauf antwortend, die eines Mannes. Auf einmal sprachen alle beide zugleich, und beide lachten.

»Na und?« sagte ich zu Sue. »Was soll denn da dabei sein?« Mein Herz raste. Ich legte mich quer auf einen Sessel und begann zu pfeifen. Sue setzte sich auch dazu und wischte sich unsichtbaren Schweiß von der Stirn. »Ein Glück, daß wir aufgeräumt haben, wie?« Ich pfiff weiter, suchte mir dabei in einer Art Panik zufällige Töne aus und kam erst allmählich in eine Melodie hinein.

Tom kam von oben herunter und hielt in den Armen etwas, was wie eine große Katze aussah. Es war seine Perücke. Er trug sie zu Sue und bat, sie solle sie ihm aufsetzen. Sie hielt ihn von sich weg und deutete auf seine Knie und Hände. Sie wollte ihm die Perücke erst geben, wenn er sich gewaschen hatte. Als Tom im Bad war, sagte ich: »Wie ist er denn?«

»Er hat einen Wagen, einen neuen, schau«, und sie zeigte auf das Fenster. Aber ich drehte mich nicht um. Als Tom zu Sue zurückkam, sagte sie: »Wenn du beim Tee ein Mädchen sein willst, warum ziehst du nicht dein orangefarbenes Kleid an?« Er schüttelte den Kopf, und Sue zog ihm die Perücke über. Er rannte in die Diele, um in den Spiegel zu sehen, setzte sich dann mir gegenüber hin und bohrte in der Nase. Sue las in einem Buch, und ich fing wieder, etwas leiser diesmal, an zu pfeifen. Tom holte sich mit der Spitze des Zeigefingers etwas aus der Nase, sah es an und wischte es an einem Sitzkissen ab. Ich tat das manchmal auch, aber nur, wenn ich allein war, gewöhnlich morgens im Bett. Es sieht nicht so schlimm aus, wenn ein kleines Mädchen es macht, dachte ich, und ging zum Fenster. Es war ein Sportwagen, altmodisch, mit einem Trittbrett und einem Lederverdeck, das zurückgeklappt war. Er war hellrot mit einem dünnen schwarzen Streifen über die ganze Länge.

»Du solltest hinausgehen und ihn dir ansehen«, sagte Sue, »er ist phantastisch.«

»Mir was ansehen?« sagte ich. Die Räder hatten Silberspeichen, und auch die Auspuffrohre waren silbern. Die Motorhaube hatte seitlich lange, schräge Schlitze im Blech. »Damit die Luft hineinkann«, hörte ich mich einem Beifahrer erklären und zog das Gefährt durch eine enge Serpentine in den Alpen, »oder die Hitze hinaus.« Als ich zu meinem Stuhl zurückging, war Sue verschwunden.

Ich starrte Tom an. In dem großen Sessel wirkte er winzig, denn seine Füße ragten nur eben über die Sitzkante hinaus, und sein Kopf reichte nur die halbe Rückenlehne hinauf. Er starrte einige Augenblicke zurück, dann sah er weg und verschränkte die Arme. Seine Beine spreizten sich aus dem Rock. Ich sagte: »Wie ist das, ein Mädchen zu sein?« Tom schüttelte den Kopf und wechselte die Stellung. »Ist es besser, als ein Junge zu sein?«

»Weiß nich.«

»Macht es dich scharf?« Tom lachte plötzlich. Er wußte nicht, was ich meinte, aber er verstand, daß das Wort ein Signal zum Lachen war. »Ja oder nein?«

Er grinste mich an. »Ich weiß nich.«

Ich beugte mich vor und krümmte den Finger, er solle näher kommen. »Wenn du deine Perücke aufsetzt und den Rock anziehst und dann zum Spiegel gehst und ein kleines Mädchen siehst, kriegst du dann ein schönes Gefühl in deinem Piepmatz, wird er größer?«

Toms Grinsen verflog. Er kletterte aus dem Sessel und machte sich aus dem Zimmer.

Ich blieb ganz still sitzen, der Geruch des Eintopfs drang mir ins Bewußtsein. Die Zimmerdecke knarrte. Ich setzte mich auf dem Sessel in Positur. Ich schlug die Beine bei den Knöcheln übereinander und faltete die Hände unter dem Kinn. Leichte, schnelle Schritte kamen die Treppe herunter, und Tom rannte herein. »Sie kommen! Er kommt!« sagte er laut. Ich sagte: »Wer?« und legte die Hände hinter den Kopf.

Julie sagte: »Das ist Derek. Das ist Jack.«

Ich schüttelte die Hand, ohne aufzustehen, aber nahm die Beine auseinander und stellte die Füße fest auf den Boden.

Keiner von uns beiden sprach, während wir einander die Hand gaben. Danach räusperte sich Derek und sah Julie an. Sie stand direkt hinter Tom und drückte ihm die Hände auf die Schultern. Sie sagte: »Das ist Tom«, auf eine Art, aus der klar hervorging, daß sie Derek schon von ihm erzählt hatte. Derek trat hinter meinen Sessel, wo ich ihn nicht sehen konnte, und sagte ruhig: »Ach, ein Tommykätzchen.« Sue lachte halbherzig, und ich stand auf. Julie ging in die Küche, um den Eintopf zu holen, und rief Tom zu, er solle ihr helfen. Wir drei standen in der Zimmermitte. Wir waren einander ziemlich nahe und schienen leicht zu schwanken.

Sue machte ihre Stimme absichtlich atemlos und blöd.

»Wir finden deinen Wagen wirklich toll.« Derek nickte. Er war sehr groß und wie für eine Hochzeit angezogen – hellgrauer Anzug, Hemd und Krawatte in Beige, Manschettenknöpfe und eine Weste mit einer kleinen Silberkette. Ich sagte: »Ich finde ihn nicht so besonders.« Er drehte sich zu mir um und lächelte schwach. Er hatte einen dichten schwarzen Schnurrbart, der so makellos aussah, daß er hätte aus Plastik sein können.

»Ach?« sagte er höflich durch sein Lächeln. »Warum nicht?«

»Er ist zu knallig«, sagte ich. Derek blickte auf seine Schuhe hinunter, und ich fuhr fort: »Ich meine die Farbe, ich mag Rot nicht.«

»Zu dumm«, sagte er und sah dabei Sue, nicht mich an. »Magst *du* Rot?« Sue schaute über Dereks Schulter in die Küche. »Ich? Oh, ich mag Rot sehr, besonders bei Autos.« Da er jetzt wieder mich ansah, wiederholte ich: »Ich mag Rot bei Autos nicht. Sie sehen dann aus wie Spielzeug.« Derek trat einen Schritt zurück, weg von uns beiden. Er hatte die Hände tief in den Taschen und wippte auf den Absätzen. Er sprach sehr ruhig. »Wenn du etwas älter bist, merkst du auch, daß sie nichts anderes sind als Spielzeug, teures Spielzeug.«

»Warum Spielzeug?« sagte ich. »Zum Herumfahren sind sie sehr nützlich.«

Er nickte und sah sich im Zimmer um. »Ihr habt große Zimmer«, sagte er zu Sue. »Es ist eigentlich ein großes Haus.«

Sue sagte: »Mein Zimmer ist ganz klein.«

Ich verschränkte die Arme und blieb hartnäckig. »Wenn Autos Spielzeug sind, ist alles, was man kauft, Spielzeug.« In diesem Augenblick kam Julie mit dem Eintopf herein, hinter ihr Tom, der einen Laib Brot und den Pfefferstreuer hereintrug.

»Darüber muß ich bei Gelegenheit noch einmal nachdenken, Jack«, sagte Derek und drehte sich um, damit er Julie einen Stuhl aus dem Weg räumen konnte.

Bevor wir uns setzten, bemerkte ich, daß Julie ihre neuen Stiefel, den Samtrock und die Seidenbluse anhatte. Sie und Derek saßen nebeneinander am Tisch. Ich saß an einer Ecke neben Tom. Ich war anfangs zu gereizt, um Hunger zu spüren. Als Julie mir einen vollen Teller reichte, sagte ich zu ihr, ich wolle nichts. Sie sagte: »Hab dich nicht«, stellte den Teller zwischen meinem Besteck hin und lächelte Derek zu. Er nickte, voller Verständnis für alles. Beim Essen bestritten Julie und Sue die ganze Unterhaltung. Derek saß vollkommen aufrecht da. Er breitete sich ein rot-blaues Taschentuch über den Schoß, und als er fertig war, tupfte er sich den Schnurrbart damit ab. Dann legte er es sorgfältig zusammen und steckte es wieder in die Tasche. Ich wollte sehen, wie sie sich berührten. Julie legte ihre Hand auf seine Armbeuge und wollte das Salz gereicht haben. Ich war noch vor Derek an dem Eierbecher, und wie ich ihn meiner Schwester hinknallte, ergoß sich das Salz über den ganzen Tisch.

»Langsam«, sagte Derek leise. Die Mädchen begannen ein sprunghaftes Gespräch darüber, wie man sich Salz über die Schulter wirft und unter Leitern durchgeht. Einmal sah ich Derek Tom zublinzeln, der den Kopf senkte, bis seine Locken das Gesicht verbargen. Später führte Julie Derek in den Garten hinaus, und Sue und ich wuschen ab. Ich stand dabei nur herum mit dem Geschirrtuch in der Hand. Wir sahen vom Küchenfenster aus zu. Julie deutete auf die kleinen Pfade und Stufen, die jetzt unter dem Gewirr von bräunlichem Unkraut fast nicht mehr zu sehen waren. Derek deutete auf die Wohnblocks und machte eine weite schwunghafte Bewegung mit dem Arm, als wollte er ihnen gebieten einzustürzen. Julie nickte ernst.

Sue sagte: »Er hat wirklich breite Schultern, nicht? Sein

Anzug muß nach Maß gemacht sein.« Wir starrten Dereks Rücken an. Sein Kopf war klein und rund, und sein Haar hatte überall dieselbe Länge, wie eine Bürste.

»So stark ist der auch nicht«, sagte ich, »und er ist ganz schön doof.«

Sue hob nasse Teller aus dem Becken und sah sich nach einer Stelle zum Ablegen um.

»Der könnte dich mit dem kleinen Finger zusammenschlagen«, sagte sie.

»Ha!« rief ich. »Das soll er mal probieren.«

Etwas später setzten Julie und ihr Freund sich beim Steingarten hin. Sue nahm mir das Geschirrtuch ab und fing an, die Teller abzutrocknen. Sie sagte: »Wetten, daß du nicht rätst, was er macht«, und ich antwortete: »Ich scheiß drauf, was er macht.«

»Das rätst du nie. Er ist ein Billardspieler.«

»Na und?«

»Er spielt um Geld, er ist unglaublich reich.«

Ich schaute Derek noch einmal an und dachte darüber nach. Er saß seitlich zu mir und hörte Julie zu. Er hatte sich einen langen Grashalm herausgezogen, biß kleine Stücke davon ab und spuckte sie aus. Dabei nickte er die ganze Zeit zu dem, was Julie sagte, und als er schließlich antwortete, legte er ihr die Hand leicht auf die Schulter. Was er sagte, brachte Julie zum Lachen.

»Und in der Zeitung stand auch was über ihn«, sagte Sue.

»In welcher Zeitung?« Sue nannte das lokale Wochenblatt, und ich lachte. »Die schreiben über jeden«, sagte ich, »wenn er nur lang genug lebt.«

»Wetten, daß du nicht rätst, wie alt er ist.« Ich gab keine Antwort. »Dreiundzwanzig«, sagte Sue stolz und lächelte mich an.

Ich hatte Lust, sie zu schlagen. »Was ist denn daran so erstaunlich?«

Sue trocknete sich die Hände ab. »Das ist genau das richtige Alter für einen Typ.«

Ich sagte: »Wovon redest du eigentlich? Wer sagt denn das?«

Sue zögerte. »Julie hat das gesagt.«

Ich schnappte nach Luft und rannte aus der Küche. Im Wohnzimmer blieb ich stehen und suchte nach Commander Hunt. Jemand hatte ihn in ein Bücherregal verstaut. Ich rannte mit dem Buch hinauf ins Zimmer, knallte die Tür zu und legte mich aufs Bett.

8

Immer öfter wurden aus meinen schlechten Träumen Alpträume. In der Diele stand eine riesige Holzkiste, an der ich schon dutzendemal achtlos vorbeigegangen sein mußte. Diesmal blieb ich stehen und sah sie mir an. Der Deckel, der immer fest angenagelt gewesen war, hing lose herunter, von den Nägeln waren einige umgebogen, und das Holz drum herum war gesplittert und weiß. Ich stand so nahe bei der Kiste, daß ich gerade noch nicht hineinsehen konnte. Ich wußte, ich war in einem Traum, und es war wichtig, nicht den Kopf zu verlieren. Es war etwas in der Kiste. Ich schaffte es, die Augen ein wenig zu öffnen, und sah eine untere Ecke des Bettes, bevor sie wieder schwer zufielen. Ich war wieder in der Diele, etwas näher bei der Kiste, und lugte unbesonnen hinein. Als ich es mit meinen Augen wieder versuchte, öffneten sie sich leicht und weit. Ich sah die Bettecke und ein paar Kleider von mir. In einem großen Sessel neben dem Bett saß meine Mutter und starrte mich mit riesigen hohlen Augen an. Das kommt, weil sie tot ist, dachte ich. Sie war winzig, und ihre Füße reichten kaum auf den Boden. Als sie sprach, war ihre Stimme so vertraut, daß ich mir nicht mehr vorstellen konnte, wie ich sie so leicht hatte vergessen können. Aber ich verstand nicht genau, was sie sagte. Sie gebrauchte ein sonderbares Wort, »drubbeln« oder »bruddeln«.

»Mußt du denn immer drubbeln«, sagte sie, »sogar wenn ich mit dir rede?«

»Ich tu doch gar nichts«, sagte ich und bemerkte, als ich nach unten sah, daß auf dem Bett keine Decke war und daß ich nackt war und vor ihr onanierte. Mein Hand flog vor und zurück wie ein Weberschiffchen. Ich sagte zu ihr: »Ich kann nicht aufhören, es liegt nicht an mir.«

»Was würde dein Vater dazu sagen«, sagte sie traurig, »wenn er noch am Leben wäre?«

Noch im Aufwachen sagte ich laut: »Aber ihr seid ja beide tot.«

Eines Nachmittags erzählte ich Sue diesen Traum. Als sie die Tür aufsperrte, um mich reinzulassen, sah ich, daß sie ihr Notizbuch offen in einer Hand hielt. Während sie mir zuhörte, machte sie es zu und schob es unter ihr Kopfkissen. Zu meiner Überraschung mußte sie über meinen Traum kichern.

»Tun Jungs das die ganze Zeit?« fragte sie.

»Was?«

»Na ja, drubbeln.«

Statt ihr zu antworten, sagte ich: »Weißt du noch, wie wir damals immer das Spiel spielten?«

»Welches Spiel?«

»Wo Julie und ich Ärzte waren und dich untersuchten und du von einem andern Planeten warst.« Meine Schwester nickte und verschränkte die Arme. Ich zögerte. Ich hatte keine Ahnung, was ich als nächstes sagen sollte.

»Und, was ist damit?«

Ich war gekommen, um über meinen Traum und über Mutter zu reden, und schon sprachen wir von etwas anderem.

»Möchtest du nicht«, sagte ich langsam, »daß wir das immer noch spielen?«

Sue schüttelte den Kopf und sah weg. »Ich kann mich kaum noch dran erinnern.«

»Julie und ich haben dir dabei immer alle Kleider ausgezogen.« Es klang unwahrscheinlich, als ich es sagte.

Sue schüttelte wieder den Kopf und sagte ohne Überzeugungskraft: »Im Ernst? So genau weiß ich es nicht mehr, ich war ja auch noch nicht so alt.« Sie schwieg und fuhr dann freundlich fort: »Wir haben immer alberne Spiele gemacht.«

Ich setzte mich auf Sues Bett. Der Fußboden in ihrem Zimmer war voller Bücher, manche aufgeschlagen und umgekehrt hingelegt. Viele waren aus der Leihbibliothek, und ich wollte gerade eins davon aufheben, als mir auf einmal alles über war, was irgendwie mit Büchern zusammenhing. Ich sagte: »Wirst du es nie leid, den ganzen Tag hier herumzusitzen und zu lesen?«

»Ich lese gern«, sagte Sue, »und sonst gibt's nichts zu tun.« Ich sagte: »Es gibt alles mögliche zu tun«, nur damit Sue noch mal sagte, es gebe nichts. Aber sie sog nur ihre dünnen, blassen Lippen ein, wie es Frauen machen, wenn sie Lippenstift aufgetragen haben, und sagte: »Zu was anderem habe ich keine Lust.« Danach saßen wir ziemlich lange schweigend da. Sue pfiff, und ich spürte, daß sie darauf wartete, daß ich ging. Wir hörten unten die hintere Tür aufgehen und die Stimmen von Julie und ihrem Freund. Ich wünschte mir, Sue würde Derek genausowenig mögen wie ich, dann hätten wir über alles mögliche reden können. Sie hob ihre dünnen Brauen und sagte: »Das werden sie sein«, und ich sagte: »Na und?« und fühlte mich abgeschnitten von allen, die ich kannte.

Sue fing wieder an zu pfeifen, und ich blätterte in einer Illustrierten, aber wir lauschten beide aufmerksam. Sie kamen nicht herauf. Ich hörte Wasser laufen und Teetassen klappern. Ich sagte zu Sue: »Du schreibst doch immer noch in dein Buch, oder?« Sie sagte: »Ein bißchen« und sah nach ihrem Kopfkissen hin, als wäre sie darauf vorbereitet, mich zu hindern, wenn ich danach greifen wollte. Ich wartete einen Augenblick und sagte dann mit einer sehr traurigen Stimme: »Wenn du mich nur die Stellen über Mammi lesen lassen würdest, nur die. Du könntest sie mir ja vorlesen, wenn dir das lieber ist.« Von unten kam das Radio mit voller Lautstärke. *»Wenn du jemals fährst nach Westen . . . nimm meinen Weg, der ist am besten . . .«* Das Lied ging mir auf die Nerven, aber ich sah weiter traurig meine Schwester an.

»Du könntest ja doch nichts davon verstehen.«

»Wieso nicht?«

Sue sprach schnell. »Du hast nie etwas verstanden, was mit ihr zu tun hatte. Du warst immer scheußlich zu ihr.«

»Das ist gelogen«, sagte ich laut, und ein paar Sekunden später wiederholte ich: »Das ist gelogen.«

Sue saß auf der Bettkante, den Rücken gerade und eine Hand auf dem Kissen. Als sie sprach, starrte sie düster vor sich hin. »Du hast nie gemacht, worum sie dich gebeten hat. Du hast nie bei irgendwas geholfen. Du warst immer zu sehr mit dir selbst beschäftigt, genau wie jetzt auch.«

Ich sagte: »Ich hätte nicht von ihr geträumt, wenn sie mir egal gewesen wäre.«

»Du hast auch nicht von ihr geträumt«, sagte Sue, »du hast von dir selbst geträumt. Deswegen willst du in meinem Tagebuch lesen, damit du siehst, ob etwas über dich drinsteht.«

»Gehst du in den Keller hinunter«, sagte ich unter Gelächter, »und setzt dich dort auf den Hocker und schreibst über uns alle in dein kleines schwarzes Buch?«

Ich zwang mich zum Weiterlachen. Ich war verstört und mußte viel Lärm machen. Beim Lachen legte ich die Hände auf die Knie, aber konnte sie nicht so recht fühlen. Sue sah mir zu, als erinnerte sie sich mehr an mich, als daß sie mich sähe. Sie holte das Buch unter ihrem Kissen hervor, öffnete es und suchte eine Seite. Ich hörte auf zu lachen und wartete.

»Neunter August ... Du bist seit neunzehn Tagen tot. Keiner hat dich heute erwähnt.« Sie hielt inne, und ihr Blick wanderte ein paar Zeilen weiter. »Jack war in einer scheußlichen Laune. Er hat Tom weh getan, weil er Lärm gemacht hatte. Er machte ihm einen langen Kratzer am Kopf, und es ist ziemlich viel Blut gekommen. Zum Mittagessen haben wir zwei Dosen mit Suppe zusammengeschüttet. Jack redete mit niemand. Julie redete von ihrem Typ, er heißt Derek. Sie sagte, vielleicht brächte sie ihn einmal mit nach Hause, und ob wir was dagegen hätten. Ich sagte, nein. Jack stellte sich taub und ging hinauf.« Sue schlug eine andere Seite auf und las mit mehr Ausdruck: »Seit du tot bist, hat er die Wäsche nicht gewechselt. Er wäscht sich weder die Hände noch sonstwas und stinkt furchtbar. Es ist uns zuwider, wenn er den Brotlaib anfaßt. Man kann nichts zu ihm sagen, weil er sonst zuschlägt. Immer will er jemand schlagen, aber Julie weiß mit ihm umzugehen ...« Sue hielt inne und wollte anscheinend fortfahren, aber dann besann sie sich anders und klappte das Buch zu. »So«, sagte sie. Danach stritten wir einige Minuten lang matt darüber, was Julie beim Mittagessen gesagt hatte.

»Sie hat nicht erwähnt, daß sie jemand mit nach Hause bringen wollte«, sagte ich.

»Doch!«

»Nein.«

Sue hockte sich auf den Boden vor eins ihrer Bücher und übersah mich, als ich hinausging.

Unten spielte das Radio lauter, als ich es jemals gehört hatte. Ein Mann schrie wie wild etwas von einem Wettbewerb. Ich fand Tom oben auf der Treppe sitzen. Er trug einen blau-weißen Rock, der hinten mit einer Schleife zugebunden war. Aber seine Perücke war nicht da. Als ich mich neben ihn setzte, bemerkte ich kurz einen schwachen unangenehmen Geruch. Tom weinte. Er rieb sich die Augen mit den Knöcheln wie die kleinen Mädchen auf Keksdosen. Ein großer Striemen von grünem Rotz hing ihm aus einem Nasenloch, der nach oben verschwand, wenn er schniefte. Ich sah eine Weile zu. Über dem Radiolärm glaubte ich noch andere Stimmen zu hören, aber ich war mir nicht sicher. Als ich Tom fragte, warum er weinte, weinte er noch lauter. Dann beruhigte er sich und jammerte: »Julie hat mich gehauen und mich angeschrien« und fing wieder an zu weinen.

Ich ließ ihn allein und ging hinunter. Das Radio war so laut, weil Julie und Derek sich stritten. Ich blieb kurz vor der Tür stehen und wollte zuhören. Derek schien Julie um etwas zu bitten, seine Stimme hatte einen weinerlichen Ton. Sie redeten beide, fast schreiend, als ich hereinkam, und hörten beide augenblicklich auf. Derek lehnte am Tisch, die Hände in den Taschen und die Beine übergeschlagen. Er trug einen dunkelgrünen Anzug und eine Krawatte, die durch eine goldene Spange geknotet war. Julie stand am Fenster. Ich ging zwischen ihnen zum Radio und machte es aus. Dann drehte ich mich um und wartete, daß einer von ihnen anfing zu reden. Ich fragte mich, warum sie nicht in den Garten hinausgingen, wenn sie sich anschreien wollten. Julie sagte: »Was willst du?« Sie war nicht in Schale wie Derek. Sie hatte Plastiksandalen und Jeans an, und das Hemd war unter den Brüsten verknotet. »Wollte nur sehen, was der ganze Lärm soll und wer«, sagte ich mit einem Blick zu Derek, »Tom geschlagen hat.« Julie klopfte langsam mit dem Fuß auf den Boden, um klarzumachen, daß sie mich los sein wollte.

Ich ging gemächlich zwischen ihnen durch, wobei ich den Absatz immer genau vor die Zehen stellte wie jemand, der eine Strecke ohne Metermaß ausmessen will. Derek räusperte sich sehr leise und zog an der Kette seine Uhr heraus. Ich sah zu, wie er sie aufklappte, zumachte und wegsteckte. Ich hatte ihn nicht mehr gesehen seit seinem ersten Besuch bei uns vor einer Woche. Aber er hatte Julie jetzt schon einige Male mit seinem Wagen abgeholt. Ich hatte draußen seinen Motor und Julie den Gartenweg entlanglaufen gehört, aber ich schaute ihnen nie durchs Fenster zu wie Sue und Tom. Zwei- oder dreimal war Julie jetzt die ganze Nacht ausgeblieben. Sie sagte mir nie, wo sie hinging, aber sie erzählte es Sue. Am Morgen darauf saßen sie dann stundenlang in der Küche, redeten und tranken Tee. Vielleicht schrieb Sue das alles in ihr Buch, ohne daß Julie es wußte.

Plötzlich lächelte Derek mich an und sagte: »Wie geht's dir denn, Jack?«

Julie seufzte hörbar. »Laß das«, sagte sie zu ihm, und ich sagte sehr kühl: »Gut.«

»Was treibst du so die ganze Zeit?«

Ich sah Julie bei meiner Antwort an. »Nichts Besonderes.« Ich sah, wie sie sich ärgerte, daß ich mit ihrem Derek sprach. Ich sagte: »Und du?« Derek schwieg ein Weilchen, bevor er sprach, und seufzte dann. »Training. Ein paar kurze Spiele. Nichts Großes, weißt du . . .« Ich nickte. Derek und Julie starrten sich an. Ich schaute nacheinander zu ihnen hin und überlegte, was ich weiter sagen konnte. Ohne den Blick von Julie zu wenden, sagte Derek: »Selber schon mal gespielt?« Wäre sie nicht dagewesen, hätte ich ja gesagt. Ich hatte einmal zugeschaut und kannte die Regeln. Ich sagte: »Nicht eigentlich.« Derek zog wieder seine Uhr. »Dann komm doch mit rüber und spiel eine Runde.«

Julie ließ die verschränkten Arme sinken und ging schnell aus dem Zimmer. Sie seufzte leicht im Hinausgehen.

Derek sah ihr nach und sagte: »Ich meine, hast du jetzt was vor?« Ich dachte scharf nach und sagte: »So viel auch wieder nicht.« Derek stand auf und klopfte sich den Anzug ab. Seine Hände waren sehr klein und blaß. Er ging in die Diele, um sich vor dem Spiegel die Krawatte zu richten. Er rief über die Schulter: »Ihr solltet euch für hier draußen mal Licht besorgen.« Wir gingen zur Hintertür hinaus, und als wir durch die Küche gingen, sah ich, daß die Kellertür weit offenstand. Ich zögerte, wollte hinaufgehen und Julie deswegen fragen. Aber Derek schob die Tür mit dem Fuß ins Schloß und sagte: »Komm jetzt. Ich bin sowieso schon zu spät dran«, und wir gingen schnell den Gartenweg hinunter auf den niedrigen roten Wagen zu.

Ich war überrascht, wie langsam Derek fuhr. Er saß aufrecht im Sitz und hielt das Lenkrad, weit von sich weg, mit Zeigefinger und Daumen fest, als wäre ihm die Berührung ekelhaft. Er sprach nicht mit mir. Auf dem Armaturenbrett waren zwei Reihen mit schwarzen Meßuhren, alle mit hin- und herzitternden weißen Zeigern. Ich beobachtete sie fast auf dem ganzen Weg. Keiner, außer denen auf der Uhr, bewegte sich wirklich vom Fleck. Wir fuhren eine Viertelstunde lang. Wir bogen von einer Hauptverkehrsstraße ab in eine enge Straße mit Gemüselagerhallen auf beiden Seiten. Hie und da lag verfaultes Gemüse aufgehäuft im Rinnstein. Ein Mann in einem zerknitterten Anzug stand auf dem Gehsteig und starrte uns ausdruckslos an. Er hatte fettiges Haar, und in seiner Jacke steckte eine zusammengefaltete Zeitung. Derek hielt neben ihm an, kletterte hinaus und ließ den Motor weiterlaufen. Hinter dem Mann gab es einen Durchgang. Als wir darauf zu- und an dem Mann vorbeigingen, sagte Derek zu ihm: »Park den Wagen und komm dann rein.« Am Ende des Durchgangs war eine grüne Schwingtür. In ihre Farbe war »Oswalds Spielhalle« eingekratzt. Derek ging voran und hielt mit einem Finger die Tür für mich auf, ohne sich umzudrehen. Zwei Partien waren im Gang an den Tischen, die am weitesten weg von uns waren, doch fast alle Tische waren leer und dunkel. Ein Tisch in der Mitte der

Halle stand ganz im Licht. Er schien heller als die andern beiden, und die grellbunten Kugeln waren für ein Spiel bereitgelegt. Jemand lehnte daran mit dem Rücken zu uns und rauchte eine Zigarette. In die Wand hinter uns war ein helles viereckiges Loch eingelassen, durch das uns ein alter Mann mit einem weißen Jackett ansah. Auf einem schmalen Bord vor ihm standen Tassen und Untertassen mit blauen Rändern und eine Plastikschüssel mit einem Krapfen. Derek beugte sich hinunter, um mit dem Mann zu sprechen, und ich ging ein paar Schritte weiter zu einem der Tische hin. Ich las den Namen der Herstellerfirma und des Herkunftsortes auf einer Messingplatte, die an der Kante direkt hinter dem mittleren Loch angeschraubt war.

Derek schnalzte mir mit der Zunge zu. Er hielt eine Tasse mit Tee in jeder Hand und winkte mir mit dem Kopf, ich solle ihm folgen. Mit dem Fuß stieß er eine Tür in derselben Wand auf. Neben der Tür bemerkte ich erst jetzt ein Fenster, in dem eine Scheibe fehlte. Eine Frau mit dicken Brillengläsern saß hinter einem Schreibtisch und schrieb in ein Kontobuch, auf der anderen Seite des winzigen Raums saß in einem Sessel ein Mann mit einer Zigarettenschachtel in der Hand. Vor Rauch konnte man nur schwer etwas erkennen. Eine einzige, schwache Lampe stand am Rand des Schreibtischs. Derek stellte die Teetassen bei der Lampe ab und tat so, als wollte er dem Mann einen Kinnhaken geben. Der Mann und die Frau machten viel Theater um Derek. Sie nannten ihn »Sohn«, aber er stellte sie mir vor als »Mr. und Mrs. O wie Oswald«.

»Und das ist Julies Bruder«, sagte Derek, aber ohne ihnen meinen Namen zu nennen.

Zum Hinsetzen gab es nichts. Derek nahm sich eine Zigarette aus der Schachtel von Mr. O. Mrs. O strampelte mit den Beinen, machte ein winselndes Geräusch und hielt den Mund nach oben wie ein Vogelküken im Nest. Derek nahm sich noch eine Zigarette, steckte sie ihr in den Mund, und sie und Mr. O lachten. Mr. O machte eine Geste zu den Tischen hin. »Greg wartet schon fast eine Stunde draußen, Sohn.«

Derek nickte. Er saß auf der Schreibtischkante, und ich stand bei der Tür.

Mrs. O fuchtelte Derek mit dem Finger ins Gesicht. »Ich kenne einen schlimmen Jungen!«

Er rutschte etwas von ihr weg und griff nach seiner Tasse. Meine gab er mir nicht herüber.

Mrs. O sagte vorsichtig: »Und gestern hast du auch nicht mehr vorbeigeschaut.«

Mr. O zwinkerte mir zu und sagte: »Der hat noch mehr Eisen im Feuer.« Derek schlürfte seinen Tee und sagte nichts. Mr. O fuhr fort: »Aber eine ganze Menge Leute haben hier gewartet, ob du nicht auftauchst.«

Derek nickte und sagte: »So? Dann ist's ja gut.«

Mrs. O sagte zu mir: »Er kommt hierher, seit er zwölf ist, und wir haben von ihm noch nie was für einen Tisch verlangt. Nicht wahr, Sohn?«

Derek trank seinen Tee aus und stand auf. Er sagte zu Mr. O: »Queue bitte.«

Mr. O stand auf und zog sich Pantoffeln an. Hinter ihm an der Wand war ein Gestell mit Billardstöcken, und in einer Ecke stand, mit einem Vorhängeschloß gesichert, ein langes, spitz zulaufendes Lederetui. Mr. O wischte sich die Hände an einem gelben Tuch ab, machte das Schloß auf und nahm den Billardstock heraus. Er war dunkelbraun, fast schwarz. Bevor er ihn Derek gab, sagte er zu mir: »Nur ich darf seine Queues anrühren.« Mrs. O sagte: »Und ich«, aber Mr. O lächelte mir zu und schüttelte den Kopf.

Der Mann, der den Wagen geparkt hatte, wartete vor dem Büro.

»Das ist Chas«, sagte Derek, »das ist Julies Bruder.« Chas

und ich sahen uns nicht an. Als Derek mit seinem Billardstock langsam auf den Mitteltisch zuging, lief Chas auf Zehenspitzen neben ihm her und sagte ihm schnell etwas ins Ohr. Ich ging direkt hinter ihnen. Ich wollte fort. Chas sagte etwas von einem Pferd, aber Derek antwortete nicht und wandte nicht einmal den Kopf. Sobald Derek am Tisch war, bückte sich Greg tief und suchte sich sein Ziel für den Eröffnungsstoß. Er hatte eine braune Lederjacke an mit einem großen Riß im Ärmel, und sein Haar war hinten zu einem Pferdeschwanz zusammengebunden. Ich wünschte mir, daß er gewinnen würde. Die weiße Kugel lief über den ganzen Tisch, verschob eine der roten und kehrte zu ihrem Ausgangspunkt zurück. Derek zog das Jackett aus und gab es Chas zum Halten. Er streifte sich Silberbänder über die Ärmel, um die Manschetten von den Handgelenken fernzuhalten. Chas drehte die Innenseite des Jacketts nach außen, legte es sich über den Arm und schlug seine Zeitung bei der Rennseite auf. Derek duckte sich und stieß die weiße Kugel an, scheinbar ohne zu zielen. Als die getroffene rote Kugel in das hintere Eckloch polterte, schauten Spieler von den anderen beiden Tischen auf und kamen auf uns zu. Dereks Absätze klickten laut, als er zum andern Ende des Tisches schritt. Die weiße Kugel hatte alle roten zerstreut und lag auf einer Linie mit der schwarzen. Bevor er seinen Stoß ausführte, warf Derek mir einen Blick zu, ob ich zuschaute, und ich sah weg.

Die nächsten paar Minuten lang versenkte er rote Kugeln und die schwarze in die hinteren Ecklöcher. Zwischen jedem Stoß und dem nächsten ging er schnell von einer Tischseite auf die andere und sprach zu mir mit leiser Stimme, ohne in meine Richtung zu schauen, als redete er mit sich selbst.

»Komische Menage bei dir zu Hause«, sagte er, als die schwarze zum erstenmal hineinfiel. Greg und die anderen Spieler schauten zu und verfolgten unsere Unterhaltung.

Ich sagte: »Weiß nich.«

»Die Eltern sind alle beide tot«, sagte Derek zu Chas, »und die vier sorgen für sich selber.«

»Waisen sozusagen«, sagte Chas und sah dabei nicht von der Zeitung auf.

»Das Haus ist groß«, sagte Derek und streifte mich, als er vorbeiging, um wieder an die weiße heranzukommen.

»Ziemlich«, sagte ich.

»Muß ganz schön was wert sein.« Eine rote verschwand langsam über einen Lochrand, und er konnte auf die schwarze zielen, ohne den Platz zu wechseln. »Diese ganzen Zimmer«, sagte er, »da könntet ihr Wohnungen draus machen.«

Ich sagte: »Das haben wir nicht vor.«

Derek sah zu, wie Greg die schwarze aus dem Loch holte und sie wieder plazierte. »Und der Keller, wenige Häuser haben solche Keller . . .« Er machte einen Umweg um das lange Ende des Tisches, und Chas seufzte über etwas in der Zeitung. Noch eine rote verschwand. »Ihr könntet . . .« Derek verfolgte, wo die weiße Kugel stehenbleiben würde. »Ihr könntet aus diesem Keller etwas *machen.*«

»Zum Beispiel?« sagte ich, aber Derek zuckte die Achseln und knallte die schwarze ins Loch.

Als Derek die schwarze endlich verfehlte, zischte er scharf durch die Zähne. Chas sah von seiner Zeitung auf und sagte: »Neunundvierzig.« Ich sagte zu Derek: »Ich geh jetzt«, aber er hatte sich abgewandt, um sich bei einem anderen Spieler eine Zigarette zu holen. Dann ging er an das andere Ende des Tisches, um Greg zuzuschauen. Mir war schlecht. Ich lehnte mich an eine Säule und blickte nach oben. Dort waren Eisenträger und darüber, ins Dach eingelassen, mit gelbbrauner Farbe zugeschmierte Glasscheiben. Ich sah nach unten, und Derek war wieder dran, und es waren nur noch wenige Kugeln auf dem Tisch übrig. Als das Spiel vorbei war, kam Derek zu mir, packte mich am Ellbogen und sagte: »Spielst du eins mit?« Ich sagte nein und riß mich los.

Ich sagte: »Ich geh jetzt heim.«

Derek stand vor mir und lachte. Er stellte sich den Billardstock mit dem Griff auf den Fuß und ließ ihn auf und ab wippen. »Du bist ein komischer Vogel«, sagte er. »Sei doch mal locker, warum lächelst du nicht mal?«

Ich lehnte mich gleich wieder an die Säule zurück. Etwas Schweres und Dunkles lastete auf mir, und ich blickte wieder zur Decke in der halben Erwartung, es dort sehen zu können.

Derek wippte weiter mit seinem Billardstock und hatte dann einen Einfall. Er zog scharf den Atem ein und rief über seine Schulter: »He, Chas! Greg! Kommt und helft mir, den Schlappschwanz hier zum Lachen zu bringen.« Er lächelte und zwinkerte mir dabei zu, als sollte ich bei dem Witz auch mitmachen. Chas und Greg tauchten zu beiden Seiten von Derek und etwas hinter ihm auf.

»Los«, sagte Derek, »ein großer Lacher, oder ich sag's deiner Schwester.« Ihre Gesichter wurden größer. »Oder ich laß Greg dir einen von seinen Witzen erzählen.« Chas und Greg lachten. Jeder wollte sich mit Derek gut stellen.

»Haut ab!« sagte ich. Chas sagte: »Ach, laß den Burschen in Ruhe« und ging weg. Über seinen Ton dabei hätte ich am liebsten geweint, und um ihnen zu zeigen, daß ich das zuallerletzt tun würde, starrte ich Derek wild und ohne Wimpernzucken an. Aber ein Auge füllte sich mit Wasser, und obwohl ich die Träne schnell wegwischte, als sie herunterrollte, wußte ich, daß sie sie gesehen hatten.

Greg hielt mir die ausgestreckte Hand hin. »War nicht bös gemeint, Kumpel«, sagte er. Ich schüttelte sie nicht, weil meine Hand naß war. Greg ging weg, und Derek und ich waren wieder unter uns.

Ich drehte mich um und ging auf die Tür zu. Derek legte

seinen Billardstock auf einen Tisch und kam mit. Wir gingen so eng nebeneinander, als wären wir durch Handschellen verbunden.

»Du bist wirklich genau wie deine Schwester, weißt du«, sagte er.

Weil ich an Derek nicht vorbei konnte, mußte ich links neben der Tür auf die Teedurchreiche zusteuern. Sobald der Alte uns kommen sah, griff er nach seiner großen Stahlteekanne und goß zwei Tassen ein. Er hatte eine sehr hoch klingende Stimme.

»Die zwei geb ich euch aus«, sagte er, »für deine neunundvierzig Punkte.«

Er sprach ebensosehr zu mir wie zu Derek, und ich mußte eine Tasse nehmen. Derek nahm seine auch, und wir lehnten einander gegenüber an der Wand. Einige Minuten lang schien es so, als wollte er etwas sagen, aber er blieb still. Ich versuchte, den Tee schnell zu trinken, und mir wurde davon heiß und übel. Die Haut kribbelte und juckte mir unter dem Hemd, ich schwitzte an den Füßen, und meine Zehen fühlten sich schlüpfrig an. Ich lehnte den Kopf an die Wand.

Greg war mit Chas durch eine andere Tür weggegangen, und die übrigen Spieler waren wieder an ihren Tischen. Durch die Tür hörte ich Mrs. O ohne Unterbrechung reden. Nach einer Weile dachte ich, es könnte auch das Radio sein.

Derek sagte: »Ist deine Schwester immer so, oder ist da etwas nicht in Ordnung, das ich wissen sollte?«

»Immer, wie?« sagte ich sofort. Mein Herz klopfte, aber sehr langsam.

Wieder mußte Derek einen Augenblick nachdenken. Er spannte die Haut unter dem Kinn und faßte sich an die Krawattenspange.

»Strikt von Mann zu Mann, klar?« Ich nickte. »Heute nachmittag zum Beispiel. Sie machte grade was, also wollte ich mich in eurem Keller umsehen. Nichts dabei, aber sie benahm sich ganz komisch. Ich meine, da unten ist doch nichts, oder?« Ich hielt das nicht für eine wirkliche Frage und antwortete nicht. Aber Derek wiederholte: »Oder?«

Und ich sagte: »Nein, nein. Ich gehe kaum mal runter, aber da ist nichts.«

»Also warum war sie dann so aufgeregt?« Derek starrte mich an und wartete auf eine Antwort, als wäre ich der Aufgeregte gewesen.

»Sie ist immer so«, sagte ich zu ihm, »so ist Julie eben.«

Derek sah einen Augenblick auf seine Schuhe nieder, blickte auf und sagte: »Und ein anderes Mal . . .«

Aber da kam gerade Mr. O aus seinem Büro und fing an mit Derek zu reden. Ich trank meinen Tee aus und ging.

Zu Hause war die hintere Tür offen, und ich ging sehr leise hinein. In der Küche roch es nach etwas, was vor langer Zeit in der Pfanne gebraten worden war. Ich hatte das seltsame Gefühl, ich wäre mehrere Monate fort gewesen und in meiner Abwesenheit wäre allerlei passiert. Im Wohnzimmer saß Julie am Tisch, auf dem schmutzige Teller und eine Pfanne standen. Sie sah sehr zufrieden mit sich aus. Tom saß auf ihrem Schoß mit dem Daumen im Mund und hatte eine Serviette wie einen Latz um den Hals gebunden. Er glotzte mit einem glasigen Blick durchs Zimmer und lehnte mit dem Kopf an Julies Brüsten. Er schien mein Hereinkommen nicht zu bemerken und machte weiter kleine saugende Geräusche mit dem Daumen. Julies Hand ruhte auf seinem Kreuz. Sie lächelte mir zu, und ich legte die Hand auf den Türknauf, um nicht zu taumeln. Ich kam mir vor, als hätte ich kein Gewicht und könnte davonschweben.

»Schau nicht so überrascht«, sagte Julie, »Tom will ein kleines Baby sein.« Sie legte ihm ihr Kinn auf den Kopf und fing an, sich leicht hin- und herzuwiegen. »Er war so ein schlimmer Junge heute nachmittag«, fuhr sie fort und sprach dabei mehr zu ihm als zu mir, »und da haben wir miteinander geredet und dabei eine Menge Sachen beschlossen.«

Toms Augen fielen allmählich zu. Ich setzte mich nah zu Julie an den Tisch, aber so, daß ich Toms Gesicht nicht sehen konnte. Ich stocherte in kalten Speckstücken in der Pfanne herum. Julie wiegte sich und summte leise vor sich hin.

Tom war eingeschlafen. Ich hatte mit Julie über Derek sprechen wollen, aber sie stand jetzt mit Tom im Arm auf, und ich ging hinter ihnen die Treppe hinauf. Julie stieß mit dem Fuß die Schlafzimmertür auf. Sie hatte vom Keller unser altes Messinggitterbett heraufgeholt und dicht neben das ihre gestellt. Es war schon ganz hergerichtet und das Gitter auf einer Seite heruntergelassen. Es ärgerte mich, das Messingbett und das ihre so nah beieinander stehen zu sehen. Ich zeigte darauf und sagte: »Warum hast du es nicht in seinem Zimmer aufgestellt?«

Julie stand mit dem Rücken zu mir und setzte Tom im Gitterbett nieder. Er saß leicht schwankend da, während ihm Julie die Kleider aufknöpfte. Seine Augen standen offen.

»Er wollte es hier drin haben, nicht wahr, mein Süßer?« Tom nickte und krabbelte zwischen die Laken. Julie ging zum Fenster und zog die Vorhänge zu. Ich ging in das Halbdunkel hinein und stellte mich an den Fuß des Gitterbetts. Sie drängte sich an mir vorbei, küßte Tom auf den Kopf und schloß sorgfältig das Gitter. Tom war anscheinend augenblicklich eingeschlafen. »So ist's brav«, flüsterte Julie, nahm mich an der Hand und führte mich aus ihrem Zimmer.

9

Nicht lange nachdem Sue mir aus ihrem Tagebuch vorgelesen hatte, begann ich einen Geruch an meinen Händen zu bemerken. Er war süß und schwach faulig und war mehr an den Fingern als an den Handflächen, vielleicht sogar zwischen den Fingern. Er erinnerte mich an das Fleisch, das wir weggeworfen hatten. Ich hörte auf zu onanieren. Ich fühlte mich ohnehin nicht danach. Wenn ich die Hände gewaschen hatte, rochen sie nur nach Seife, aber sobald ich den Kopf abwandte und mir mit einer Hand schnell vor der Nase hin- und herfuhr, war der schlechte Geruch über dem Seifenduft gerade noch spürbar wieder da. Ich nahm mitten am Nachmittag lange Bäder und lag vollkommen still ohne einen Gedanken, bis das Wasser kalt war. Ich schnitt mir die Nägel, wusch mir die Haare und suchte mir saubere Wäsche. Nach einer halben Stunde war der Geruch wieder zurückgekehrt, so entfernt, daß er eher der Erinnerung an einen Geruch glich. Julie und Sue rissen Witze über mein Aussehen. Sie sagten, ich machte mich fein für eine heimliche Freundin. Immerhin wurde Julie dank meinem veränderten Äußeren freundlicher zu mir. Sie kaufte mir bei einem Ramschverkauf zwei Hemden, die fast neu waren und gut saßen. Ich stellte mich vor Tom und wackelte mit dem Finger vor seiner Nase herum. Er sagte: »Wie ein Fischi«, mit seiner lauten neuen Babystimme. Ich holte mir das medizinische Hauslexikon und sah unter Krebs nach. Ich dachte, ich faulte vielleicht an einer schleichenden Krankheit dahin. Ich sah in den Spiegel und versuchte, meinen Atem in den hohlen Händen einzufangen. Eines Abends regnete es endlich, gußartig. Jemand hatte mir einmal gesagt, Regen sei das reinste Wasser auf der Welt, und daher zog ich Hemd, Schuhe und Socken aus und stellte mich mit ausgestreckten Armen oben in den Steingarten. Sue kam an die Küchentür und fragte mich laut, über das Geräusch des Regens hinweg, was ich da täte. Sie ging weg und kam mit Julie wieder. Sie riefen mich und lachten, und ich kehrte ihnen den Rücken zu.

Beim Abendessen hatten wir Streit. Ich sagte, es hätte

zum erstenmal geregnet, seit Mutter gestorben sei. Julie und Sue sagten, es hätte seither schon mehrmals geregnet. Als ich sie fragte, wann genau, sagten sie, sie wüßten es nicht mehr. Sue sagte, sie wisse, daß sie den Regenschirm benutzt habe, weil er jetzt in ihrem Zimmer sei, und Julie sagte, sie könne sich an das Geräusch der Scheibenwischer in Dereks Wagen erinnern. Ich sagte, das beweise gar nichts. Sie wurden wütend, und ich wurde um so ruhiger und erpichter darauf, sie noch wütender zu machen. Julie forderte von mir einen Beweis, daß es nicht geregnet hätte, und ich sagte, den brauchte ich nicht, ich *wüßte* das. Meine Schwestern schnappten vor Ärger nach Luft. Als ich Sue um die Zuckerdose bat, ignorierte sie das. Ich ging um den Tisch herum, und als ich gerade nach der Dose greifen wollte, nahm sie sie und stellte sie ans andere Ende des Tisches in die Nähe von meinem vorigen Platz. Ich wollte ihr eins in den Nacken geben, aber Julie rief: »Untersteh dich!« in einem so scharfen Ton, daß ich erschrocken zurückwich und meine Hand über Sues Kopf hinwegwischte. Sogleich kam mir der Geruch wieder in die Nase. Als ich mich hinsetzte, war ich gefaßt auf den Vorwurf von Julie oder Sue, ich hätte gefurzt, aber sie fingen eine Unterhaltung an, die mich gezielt ausschloß. Ich setzte mich auf meine Hände und zwinkerte Tom zu.

Tom starrte mich mit halboffenem Mund an, und ich konnte auf seiner Zunge gekautes Essen sehen. Er saß dicht bei Julie. Während unseres Streits über den Regen hatte er sich Essen übers Gesicht geschmiert. Nun wartete er darauf, daß sich Julie auf ihn besann, ihm mit dem Latz, den er um den Hals trug, das Gesicht abwischte und zu ihm sagte, er könne aufstehen. Manchmal krabbelte er dann unter den Tisch und setzte sich zwischen unsere Beine, bis wir mit dem Essen fertig waren.

Sonst riß er sich auch oft den Latz ab und rannte hinaus, um mit seinen Freunden zu spielen, und dann war er erst wieder das Baby, wenn er zu Hause war und Julie gefunden hatte. Als Baby gab er kaum ein Wort oder Geräusch von sich. Er wartete einfach ab, was sie als nächstes mit ihm anstellte. Wenn sie ihn bemutterte, wurden seine Augen größer und rutschten weiter auseinander, sein Mund wurde schlaff, und er schien in sich zu versinken.

Als Julie Tom eines Abends auf den Arm nahm, um ihn nach oben zu tragen, sagte ich: »Richtige Babies strampeln und schreien, wenn man sie ins Bett bringt.«

Tom warf mir über Julies Schulter einen giftigen Blick zu, und seine Augen und sein Mund wurden auf einmal schmal. »Nein«, sagte er ganz vernünftig, »nicht immer«, und ließ sich aus dem Zimmer tragen.

Ich fand es unwiderstehlich, sie miteinander zu beobachten. Ich trödelte hinter ihnen her, gebannt, und wartete, was passierte. Julie war Publikum anscheinend recht, und sie machte Witze darüber. »Du schaust so ernst«, sagte sie einmal, »als wärst du auf einer Beerdigung.«

Tom wollte Julie natürlich ganz für sich haben. Am folgenden Abend ging ich zur Schlafenszeit wieder hinter ihnen hinauf und lehnte in der Tür, während Julie Tom auszog, der mit dem Rücken zu mir stand. Julie lächelte mir zu und sagte, ich solle Toms Pyjama holen. Tom drehte sich in seinem Gitterbett um und schrie: »Geh weg! Geh du weg!« Julie lachte, verstrubbelte ihm die Haare und sagte: »Was soll ich bloß mit euch zwei machen?« Doch ich trat rückwärts aus dem Zimmer, lehnte mich an die Wand im Gang und hörte zu, wie Julie eine Geschichte vorlas. Als sie schließlich herauskam, war sie nicht überrascht, mich zu sehen. Wir gingen in mein Zimmer und setzten uns aufs Bett. Wir drehten das Licht nicht an. Ich räusperte mich und sagte, es würde Tom vielleicht nicht guttun, wenn er weiter Baby spielte.

»Vielleicht kommt er nicht mehr draus heraus«, sagte ich.

Julie antwortete zuerst nicht. Ich konnte mit Mühe erkennen, daß sie mich anlächelte. Sie legte mir die Hand aufs Knie und sagte: »Ich glaube, da ist einer eifersüchtig.« Wir lachten, und ich legte mich aufs Bett zurück. Mutig berührte ich mit den Fingerspitzen ihr Kreuz. Sie schauderte und verstärkte den Druck auf mein Knie.

Dann sagte Julie: »Denkst du viel an Mammi?«

Ich flüsterte: »Ja, und du?«

»Natürlich.«

Anscheinend gab es sonst nichts zu sagen, aber ich wollte, daß wir uns weiter unterhielten. »Findest du es richtig, was wir gemacht haben?«

Julie nahm die Hand von meinem Knie. Sie schwieg so lange, daß ich dachte, sie hätte meine Frage vergessen. Ich berührte sie wieder am Rücken, und sie sagte sofort: »Damals schien es selbstverständlich, aber jetzt weiß ich es nicht mehr. Vielleicht hätten wir es lassen sollen.«

»Jetzt können wir nichts mehr ändern«, sagte ich und erwartete ihren Widerspruch. Ich erwartete außerdem, daß ihre Hand wieder zu meinem Knie zurückkehrte. Ich fuhr ihr mit dem Zeigefinger das Rückgrat entlang und fragte mich, was sich zwischen uns geändert hatte. Lag es an meinen Bädern?

Endlich sagte sie: »Nein, wahrscheinlich nicht« und verschränkte die Arme mit einer Endgültigkeit, die andeutete, daß sie beleidigt war. Einen Augenblick beherrschte sie die Situation, im nächsten schwieg sie und wartete auf einen Angriff.

Ich sagte aufgebracht: »Du hast Derek in den Keller gelassen.«

Jetzt war alles anders zwischen uns. Julie ging durchs Zimmer, drehte das Licht an und stellte sich neben die Tür. Sie warf gereizt den Kopf zurück, um sich eine Haarsträhne aus dem Gesicht zu schütteln. Ich saß ganz vorn auf der Bettkante und legte mir die Hand aufs Knie, wo die ihre gewesen war.

»Hat er dir das erzählt, wie ihr ... Billard gespielt habt?«

»Ich habe nur zugesehen.«

»Er fand den Schlüssel und ging hinunter, um sich umzuschauen«, sagte Julie.

»Du hättest ihn hindern sollen.«

Sie schüttelte den Kopf. Es war für sie ungewöhnlich, sich zu verteidigen, und ihre Stimme klang ungewohnt. »Er nahm sich den Schlüssel einfach. Es gibt nichts zu sehen da unten.«

Ich sagte: »Du bist richtig wütend darüber geworden, und jetzt will er wissen, warum.« Endlich war ich Julie in einer Auseinandersetzung einmal überlegen. Ich fing an, mit den Händen einen Rhythmus auf meine Knie zu klopfen, und bemerkte kurz den süßen, fauligen Geruch.

Plötzlich sagte Julie: »Weißt du, ich habe nicht mit ihm geschlafen oder so was.«

Ich trommelte weiter, ohne aufzublicken. Dann, innerlich jubelnd, hielt ich inne und sagte: »Na und?« Aber Julie war schon aus dem Zimmer gegangen.

Ich beugte mich über den Tisch, bekam Tom an seinem Latz zu fassen und zog ihn zu mir herüber. Er gab ein leises Wimmern von sich und danach einen Schrei. Julie brach ihre Unterhaltung ab und versuchte meine Finger aufzubiegen. Sue stand auf.

»Was machst du da?« schrie Julie. »Laß ihn los.« Ich hatte Tom schon ein gutes Stück den Tisch langgezogen, als ich losließ und er in Julies Arme zurückfiel.

»Ich wollte ihm den Mund abwischen«, sagte ich, »ihr wart ja so ins Reden vertieft.«

Tom versteckte das Gesicht in Julies Schoß und fing an zu weinen. Es klang täuschend echt wie Babygeheul.

»Warum kannst du die Leute nicht in Ruhe lassen?« sagte Sue. »Was ist los mit dir?«

Ich ging ziellos hinaus in den Garten. Es hörte gerade auf zu regnen. Die Wohnblocks waren häßlich mit ihren neuen Flecken, aber das Unkraut draußen vor unserem Zaun sah schon grüner aus. Ich ging durch den Garten, wie Vater es von allen immer gewünscht hatte, die winzigen Pfade entlang, die Stufen hinunter zum Teich. Die Treppe war unter Unkraut und Disteln schwer zu finden, und der Teich war ein gewelltes Stück schmutziges blaues Plastik. Etwas Regenwasser hatte sich auf dem Grund gesammelt. Wie ich um den Teich herumging, spürte ich etwas Weiches unter meinem Fuß platzen. Ich war auf einen Frosch getreten. Er lag auf der Seite, ein langes Hinterbein in die Luft gestreckt, das in kleinen Kreisen zitterte. Eine dickliche, grüne Masse quoll ihm aus dem Bauch, und der Hautsack unter seinem Kinn blähte und leerte sich sehr schnell. Mit einem vorquellenden Auge blickte er betrübt und vorwurfslos zu mir herauf. Ich kniete neben ihm nieder und hob einen großen flachen Stein auf. Jetzt sah er mich an, als erwarte er Hilfe. Ich wartete in der Hoffnung, er würde sich erholen oder gleich sterben. Aber der Kehlsack füllte und leerte sich nur schneller, und er machte einen aussichtslosen Versuch, sich mit dem anderen Hinterbein aufzurichten. Seine kleinen Vorderbeine vollführten Schwimmbewegungen in der Luft. Sein gelbliches Auge sah in das meine.

»Das reicht«, sagte ich laut und ließ den flachen Stein hart auf den kleinen grünen Kopf hinuntersausen. Als ich den Stein aufhob, hing der Frosch daran und fiel dann zu Boden. Ich fing an zu weinen. Ich suchte mir einen anderen Stein und hob damit einen kurzen, tiefen Graben aus. Als ich ihn mit einem Stecken hineinschob, sah ich seine Vorderbeine zittern. Ich deckte ihn schnell mit Erde zu und trat das Grab glatt.

Ich hörte Schritte hinter mir und Dereks Stimme.

»Was ist mit dir los?« Er stand mit weitgespreizten Beinen da und hatte sich über die Schulter einen weißen Regenmantel geworfen, der an einem seiner Finger hing.

»Nichts«, sagte ich.

Derek kam näher. »Was hast du da in der Erde?«

»Nichts.«

Mit der keilförmigen Spitze seines blankgeputzten Stiefels stocherte Derek im Boden.

»Ich habe einen toten Frosch begraben«, sagte ich.

Aber Derek stocherte weiter, bis er die Froschleiche umdrehte, die ganz mit Schmutz verkrustet war. »Schau«, sagte er, »der ist überhaupt nicht tot.« Er versenkte und drehte seinen Absatz in meinem Frosch und deckte ihn wieder mit Erde zu. Das alles machte er mit einem Bein und ohne sich den Regenmantel von der Schulter zu nehmen. Er roch nach Parfüm, irgendeinem After Shave oder Kölnischwasser. Ich ging weiter in den Garten zu dem kleinen Pfad, der sich den Steingarten hinaufwand. Derek ging dicht hinter mir her, wir gingen in Kehren hinauf und dabei in engen kleinen Kreisen aneinander vorbei wie Kinder bei einem Spiel.

»Julie ist doch da, oder?« sagte er.

Ich sagte ihm, sie brächte Tom zu Bett, und dann, als wir dicht nebeneinander versuchten, oben unser Gleichgewicht zu halten: »Er schläft jetzt in ihrem Zimmer.«

Derek nickte schnell, als wüßte er das schon, und faßte sich an den Krawattenknoten. Wir starrten zu unserem Haus hinüber. Wir standen so dicht, daß ich Pfefferminz in seinem Atem riechen konnte, als er sprach.

»Komischer Kleiner, dein Bruder, wie? Ich meine, sich als Mädchen anzuziehen . . .« Er lächelte mich an und schien auch von mir ein Lächeln zu erwarten. Aber ich verschränkte die Arme und sagte: »Was ist denn daran komisch?« Derek kletterte den Steingarten hinunter und benutzte dabei die Pfade als Stufen, und als er unten war, faltete er sich umständlich den Regenmantel über den Arm. Er hustete und sagte: »Es könnte sich auf sein späteres Leben auswirken, weißt du.« Ich kletterte auch hinunter, und wir gingen aufs Haus zu.

»Was willst du damit sagen?« fragte ich ihn.

Wir standen vor der Küchentür. Derek starrte durch das Fenster und antwortete nicht. Die Tür zum Wohnzimmer stand offen, und wir konnten Sue allein dasitzen und eine Illustrierte lesen sehen.

Plötzlich sagte Derek: »Wann genau sind eure Eltern gestorben?«

»Schon lange her«, murmelte ich und stieß die Küchentür auf.

Derek packte mich am Arm. »Moment«, sagte er. »Julie hat mir gesagt, es wäre vor kurzem gewesen.«

Vom Wohnzimmer her rief Sue meinen Namen. Ich riß meinen Arm los und ging hinein. Derek flüsterte mir hinterher, ich solle zu ihm zurückkommen, und dann hörte ich ihn die Füße sorgfältig abstreifen, bevor er in die Küche trat.

Sobald Derek ins Zimmer kam, ließ Sue ihre Illustrierte fallen und rannte in die Küche, um ihm eine Tasse Tee zu kochen. Sie behandelte ihn wie einen Filmstar. Er ging umher, den Mantel zu einem ordentlichen Viereck gefaltet, und sah sich um, wo er ihn hinlegen könnte, und Sue sah ihm von der Türöffnung her zu wie ein verängstigtes Kaninchen. Ich setzte mich hin und schaute Sues Illustrierte an. Derek legte seinen Mantel auf den Fußboden neben einen Stuhl und setzte sich auch.

Sue sagte von der Küche her: »Julie ist oben bei Tom.« Ihre Stimme war ganz zittrig.

»Dann warte ich hier unten auf sie«, rief Derek. Er schlug die Beine übereinander und zupfte an seinen Manschetten, so daß sie in der richtigen Länge unter seinem Anzug hervorschauten. Ich blätterte in der Illustrierten, ohne etwas aufzunehmen. Als Derek von Sue die Teetasse nahm, sagte er: »Danke, Susan«, mit einer komischen Stimme, und sie kicherte und setzte sich so weit wie möglich von ihm weg. Als er dann seinen Tee umrührte, sah er direkt zu mir her und sagte: »Es riecht komisch hier drin. Habt ihr das auch bemerkt?« Ich schüttelte den Kopf, merkte aber, daß ich rot wurde. Derek sah mich an und nippte. Er hob den Kopf und schnüffelte laut. »Kein starker Geruch«, sagte er, »aber sehr sonderbar.«

Sue stand auf und fing an, hastig zu reden. »Es ist der Abfluß draußen vor der Küche. Er verstopft sehr leicht, und im Sommer . . . weißt du . . .« Dann, nach einer Pause, sagte sie noch mal: »Es ist der Abfluß.«

Derek nickte, während sie redete, und schaute mich an. Sue ging zu ihrem Stuhl zurück, und noch lange danach sprach niemand.

Keiner von uns hörte Julie ins Zimmer kommen, und als sie sprach, schreckte Derek auf.

»Still hier«, sagte sie leise.

Derek richtete sich gerade auf wie ein Soldat und sagte sehr höflich: »Guten Abend, Julie.« Sue kicherte. Julie hatte ihren Samtrock an und ihr Haar mit einem weißen Band nach hinten gebunden. Derek sagte: »Wir haben über den Abfluß gesprochen« und wollte Julie mit einer steifen kleinen Handbewegung in seinen Sessel bugsieren. Aber sie kam zu mir und ließ sich auf meiner Armlehne nieder.

»Abfluß?« sagte sie mehr zu sich selbst, aber wollte anscheinend nichts weiter darüber erfahren.

»Und wie ist es dir so ergangen?« fragte Derek.

Sue kicherte neuerlich, und wir drehten uns alle zu ihr um.

Julie deutete auf Dereks Mantel. »Warum hängst du den nicht auf, bevor jemand drauftritt?«

Derek nahm den Mantel zu sich auf den Schoß und streichelte ihn. »Nette Mieze«, sagte er, und niemand lachte.

Sue fragte Julie, ob Tom schon schlafe.

»Sofort hinüber«, sagte Julie.

Derek zog die Uhr und warf einen Blick darauf. Wir wußten alle, was er gleich sagen würde. »Bißchen früh, wie? Für Tom?«

Diesmal bekam Sue einen Kicheranfall. Sie schlug die Hände vors Gesicht und stolperte in die Küche. Wir hörten sie die Tür aufmachen und in den Garten hinausgehen.

Julie war sehr kühl. »Eigentlich«, sagte sie, »ist es etwas später als sonst, nicht wahr, Jack?« Ich nickte, obwohl ich keine Ahnung hatte, wie spät es war.

Julie verstrubbelte mir das Haar.

»Hast du keine Veränderung an ihm bemerkt?« sagte sie zu Derek.

»Sauberer und fescher«, sagte er sofort. Zu mir sagte er: »Jetzt steigen dir wohl die Damen nach, wie?«

Julie legte mir die Hand auf den Kopf. »O nein«, sagte sie, »so was wird hier nicht geduldet.«

Derek lachte und zog seine Zigaretten heraus. Er bot Julie eine an, und sie lehnte ab. Ich hielt ganz still, weil ich nicht wollte, daß sie die Hand wegtat. Zugleich merkte ich, daß ich auf Derek läppisch wirkte. Er lehnte sich im Sessel zurück, rauchte seine Zigarette und beobachtete uns die ganze Zeit. Wir hörten, wie Sue die Hintertür öffnete, aber sie blieb in der Küche. Plötzlich lächelte Derek, und ich fragte mich, ob Julie hinter mir auch lächelte. Sie standen gleichzeitig auf, ohne zu sprechen. Bevor Julie die Hand von meinem Kopf nahm, tätschelte sie ihn noch kurz.

Sobald sie oben waren, kam Sue wieder herein und setzte sich auf die Kante von Dereks Sessel. Sie lachte nervös und sagte: »Ich weiß, woher dieser Geruch kommt.«

»Von mir nicht.« Sie führte mich in die Küche und

sperrte die Kellertür auf. Es war natürlich derselbe Geruch, ich erkannte ihn sofort, aber er hatte sich durch die Intensität verändert. Jetzt war er etwas von mir Getrenntes. Er hatte etwas Süßes, und jenseits davon, oder doch darin eingehüllt, war ein zweiter, dickerer, weicherer Geruch, der mir wie ein fetter Finger tief in die Kehle fuhr. Er wälzte sich aus dem Dunkel die Betonstufen herauf. Ich atmete durch den Mund.

»Los«, sagte Sue, »geh runter. Du weißt, was es ist«, und sie drehte das Licht an und schubste mich im Kreuz.

»Nur, wenn du mitkommst«, sagte ich. Von irgendwo auf dem Gang zwischen dem Treppenende und dem hintersten Raum kam ein raschelndes Geräusch. Sue trat in die Küche zurück und holte sich eine Spielzeugtaschenlampe aus Plastik, die Tom gehörte. Sie war geformt wie ein Fisch. Das Licht kam aus dem Maul und war sehr schwach. Ich sagte: »Es ist hell genug. Wir brauchen das nicht.« Aber sie stieß mir damit in den Rücken.

»Los, du wirst schon sehen«, flüsterte sie.

Unten auf der Treppe blieben wir stehen und machten eine weitere Reihe Lichter an. Sue hielt sich ein Taschentuch vor die Nase, und ich deckte mir das Gesicht mit den Hemdzipfeln zu. Die Tür am Gangende stand halb offen. Von drinnen hörten wir wieder die raschelnden Geräusche. »Ratten«, sagte Sue. Als wir bei der Tür waren, wurde es plötzlich still im Raum, und ich blieb stehen.

»Stoß sie auf«, sagte Sue durch ihr Taschentuch. Ich bewegte mich nicht, aber da ging die Tür von selber auf. Ich schrie auf, trat zurück und sah, daß meine Schwester in der Nähe der Angeln mit dem Fuß dagegendrückte. Die Kiste sah aus, als wäre etwas dagegengestoßen. In der Mitte wölbte sie sich ganz weit vor. Die Oberfläche des Betons war von einem riesigen Spalt durchzogen, an einigen Stellen bis zu einem Zentimeter breit. Sue wollte, daß ich hineinsah. Sie drückte mir die Taschenlampe in die Hand, zeigte und sagte etwas, was ich nicht verstand. Als ich den Spalt entlangleuchtete, erinnerte ich mich, wie Commander Hunt und seine Mannschaft einmal im Tiefflug die Oberfläche eines unbekannten Planeten überquerten. Tausende von Meilen flacher, hartgedörrter Wüste, nur von großen Rissen durchbrochen, die durch Erdbeben entstanden waren. Nicht *ein* Berg oder Baum oder Haus, und kein Wasser. Kein Wind, weil es keine Luft gab. Sie flogen ohne Landung wieder in den Weltraum hinaus, und stundenlang sprach keiner von ihnen.

Sue deckte ihren Mund auf und flüsterte scharf: »Worauf wartest du?«

Ich beugte mich über den Spalt und leuchtete nach unten. Ich sah eine geschnörkelte, gelblichgraue Oberfläche. Am Rand war etwas Schwarzes, Ausgefranstes. Unter meinem Blick formte sich die Fläche kurz zu einem Gesicht, einem Auge, dem Teil einer Nase und einem Mund. Das Bild löste sich wieder in Schnörkel auf. Ich glaubte vornüberzufallen und gab Sue die Taschenlampe. Aber das Gefühl wich, als ich sah, wie sie sich über die Kiste beugte. Wir gingen in den Gang und schlossen die Tür hinter uns.

»Hast du gesehen?« sagte Sue. »Das Laken ist ganz zerrissen, und man kann ihr Nachthemd darunter sehen.« Einen Augenblick waren wir sehr aufgeregt, als hätten wir entdeckt, daß unsere Mutter in Wahrheit noch lebte. Wir hatten sie im Nachthemd gesehen, genau wie sie war. Beim Hinaufgehen sagte ich: »Der Geruch ist nicht so schlimm, wenn man sich daran gewöhnt hat.« Sue lachte halb und weinte halb und ließ die Taschenlampe fallen. Hinter uns konnten wir wieder die Ratten hören. Sue atmete tief durch und bückte sich nach der Taschenlampe. Als sie sich aufrichtete, sagte sie: »Wir müssen noch mal Zement besorgen«, und ihre Stimme war ganz gleichmäßig dabei.

Oben auf der Treppe stießen wir auf Derek. Über seine Schulter hinweg konnte ich Julie in der Mitte der Küche sehen. Derek versperrte uns den Weg aus dem Keller.

»Also, Geheimnisse könnt ihr nicht gut hüten«, sagte er freundlich. »Was habt ihr denn da unten, was so gut riecht?«

Wir schoben uns an ihm vorbei, ohne zu antworten. Sue ging zum Spülbecken und trank Wasser aus einer Teetasse. Die Flüssigkeit machte in ihrer Kehle ein sehr lautes Geräusch. Ich sagte: »Es geht dich eigentlich nichts an.« Ich drehte mich zu Julie um und hoffte, ihr würde etwas einfallen. Sie ging zu Derek, der in der Öffnung zur Kellertür stand, und wollte ihn sanft am Ärmel wegziehen.

»Komm, sperren wir die Tür zu«, sagte sie, »der Geruch geht mir auf die Nerven.«

Derek zog den Arm weg und sagte noch einmal freundlich: »Aber ihr habt mir noch immer nicht gesagt, was es ist.« Er rieb sich den Jackenärmel, wo Julie daran gezogen hatte, und lächelte uns an. »Ich bin eben sehr neugierig.«

Wir schauten zu, wie er sich umdrehte und die Treppe hinunterging. Wir hörten, wie seine Schritte aufhörten, als er nach dem Lichtschalter tastete, und dann weiterliefen bis zum letzten Raum. Und dann gingen wir hinter ihm her, zuerst Julie, dann Sue, dann ich.

Derek zog ein blaßblaues Taschentuch aus der Brusttasche, schüttelte es aus und hielt es sich nicht an, sondern vor das Gesicht. Ich war entschlossen, ohne etwas auszukommen, und atmete rasch durch die Zähne. Derek klopfte mit dem Stiefel gegen die Kiste. Meine Schwestern und ich standen in einem flachen Halbkreis hinter ihm, als sollte eine wichtige Zeremonie stattfinden. Er folgte mit dem Finger dem Lauf des Spalts und lugte hinein.

»Was immer da drin ist, ist jedenfalls durch und durch verfault.«

»Es ist ein toter Hund«, sagte Julie plötzlich leichthin, »Jacks Hund.« Derek grinste.

Ich sagte: »Du hast versprochen, daß du es nicht verrätst.«

Julie zuckte die Achseln und sagte: »Das ist jetzt egal.« Derek beugte sich über die Kiste. Julie fuhr fort: »Er hat sich etwas vorgestellt wie . . . eine Gruft. Er hat sie da hineingelegt, als sie tot war, und dann überall Beton drübergeschüttet.«

Derek brach ein Stück Beton ab und warf es in der Hand hoch. »Du hast die Mischung nicht gut hingekriegt«, sagte er, »und die Kiste hält das Gewicht nicht aus.«

»Der Geruch ist schon im ganzen Haus«, sagte Julie zu mir, »du mußt da jetzt was unternehmen.«

Derek wischte sich die Hände sorgfältig an seinem Taschentuch ab. »Ich meine, da ist eine Neubestattung fällig«, sagte er, »im Garten vielleicht. Neben deinem Frosch.«

Ich ging zu der Kiste und stieß leicht mit dem Fuß dagegen wie Derek vorhin. »Ich will nicht, daß sie hier wegkommt«, sagte ich bestimmt. »Nicht nach der ganzen Schufterei.«

Derek ging uns voraus aus dem Keller. Als wir oben waren, versammelten wir uns alle im Wohnzimmer. Derek fragte mich nach dem Namen meines Hundes, und ich sagte, ohne zu überlegen: »Cosmo.« Er kam näher, legte mir die Hand auf die Schulter und sagte: »Also, dann müssen wir den Spalt mit Zement ausgießen und hoffen, daß die Kiste hält.«

Den Rest des Abends saßen wir müßig herum. Derek redete über Billard. Viel später, als ich in mein Zimmer gehen wollte, sagte er: »Ich zeig dir diesmal, wie man eine anständige Mischung macht«, und von der Treppe aus konnte ich Julie sagen hören: »Am besten, du überläßt es ihm. Er mag von dir nichts gezeigt kriegen.« Derek sagte etwas, was ich nicht verstand, und lachte dann ziemlich lange vor sich hin.

10

Es wurde wieder heiß. Am Morgen sonnte sich Julie im Steingarten, diesmal ohne ihr Radio. Tom, der zum erstenmal seit Tagen wieder seine eigenen Kleider anhatte, spielte im Garten mit seinem Freund aus dem Hochhaus. Jedesmal, wenn er etwas vorhatte, was er für besonders mutig hielt, etwa über einen Stein zu springen, wollte er, daß Julie ihm dabei zuschaute.

»Julie, paß auf! Julie! Julie, schau!« Ich hörte seine Stimme den ganzen Morgen. Ich ging in die Küche, um ihnen zuzusehen. Julie lag auf einem hellblauen Handtuch und nahm von Tom keine Notiz. Ihre Haut war so dunkel, daß ich dachte, es könnte nur noch einen Tag dauern, und sie wäre schwarz. In der Küche waren mehrere Wespen und fraßen vom Abfall, der über den Boden verstreut war. Draußen schwärmte eine Wolke von Fliegen um die überquellenden Mülltonnen, die seit Wochen nicht geleert worden waren. Wir dachten zuerst an einen Streik, aber hatten nichts weiter erfahren. Ein Päckchen Butter war zu einer Lache zerschmolzen. Während ich aus dem Fenster sah, tauchte ich meinen Finger hinein und leckte ihn ab. Heute war es zu heiß, um die Küche zu putzen. Sue kam herein und sagte, es sei schon ein Rekord, sie hätte im Radio gehört, es sei der heißeste Tag seit 1900.

»Julie soll aufpassen«, sagte Sue und ging hinaus, um sie zu warnen. Aber Tom wie sein Freund und Julie schienen von der Hitze völlig unberührt. Sie lag ganz still da, und die beiden jagten einander im Garten und riefen einander beim Namen.

Am späten Nachmittag ging ich mit Julie zu den Läden, um eine Packung Zement zu kaufen. Tom kam auch mit. Er blieb dicht bei Julie und hielt sich an einem Zipfel ihres weißen Rocks fest. Einmal mußte ich mich in den Schatten eines Buswartehäuschens flüchten, um mich von der Hitze zu erholen. Julie stellte sich vor mich in die Sonne und wollte mir mit der Hand Luft zufächeln.

»Was ist los mit dir?« sagte sie. »Du siehst ganz schwach aus. Was hast du mit dir angestellt?« Sie erhaschte meinen Blick, und wir lachten beide. Vor dem Geschäft sahen wir unser Spiegelbild im Schaufenster. Julie schloß ihre Hand um meine und sagte: »Schau, wie blaß deine sind.« Ich zog die Hand weg, und beim Hineingehen in den Laden sprach sie streng mit mir, als wäre ich ein Kind. »Du mußt wirklich mal hinaus an die Sonne. Das tut dir gut.«

Auf dem Heimweg dachte ich daran, daß Julie noch vor kurzem nur gesprochen hatte, wenn man sie anredete. Jetzt erzählte sie Tom aufgeregt von Zirkussen, und einmal blieb sie stehen, kniete sich neben ihm hin und wischte ihm mit einem Papiertaschentuch Eiskrem und Rotz von den Lippen.

Als wir bei unserem Hauseingang angekommen waren, hatte ich keine Lust hineinzugehen. Julie nahm mir die Zehnpfundpackung Zement ab und sagte: »Richtig, bleib du draußen in der Sonne.« Wie ich unsere Straße hinaufging, bemerkte ich plötzlich, wie anders sie aussah. Es war kaum mehr eine Stadtstraße, vielmehr eine Landstraße über einen fast leeren Schuttplatz. Außer unserem standen nur noch zwei Häuser. Weiter vorn war eine Gruppe von Arbeitern um einen Bauwagen versammelt und machte sich für den Heimweg fertig. Der Lastwagen fuhr gerade an, als ich auf seiner Höhe war. Drei Männer standen auf der Ladefläche und hielten sich an dem Gitter über dem Führerhaus fest. Einer von ihnen sah mich und ruckte seitwärts grüßend mit dem Kopf. Als der Lastwagen dann über die Bordkante hopste, zeigte der Arbeiter auf unser Haus und zuckte die Achseln. Von den Fertighäusern waren nur noch die großen Betonplatten der Fundamente übrig. Ich ging hin und stellte mich auf eine davon. Sie war durchzogen von Rillen, wo die Wände gewesen waren. In den Vertiefungen wuchs Unkraut, das wie kleiner Kopfsalat aussah. Ich lief die Linie der Wände entlang und stellte dabei einen Fuß genau vor den anderen. Dabei dachte ich, wie seltsam es war, daß eine ganze Familie in diesem Betonrechteck hatte wohnen können. Es war schwer zu sagen, ob das Fertighaus dasselbe war, das ich früher besichtigt hatte. Es gab nichts, wodurch sie auseinanderzuhalten waren. Ich zog mein Hemd aus und breitete es in der Mitte des größten Raums auf dem Boden aus. Ich legte mich auf den Rücken und streckte die Hände von mir, so daß die Finger in der Sonne lagen. Sofort war ich von der Hitze wie erstickt, Schweiß prickelte mir auf der Haut. Aber ich blieb entschlossen liegen und träumte vor mich hin.

Als ich aufwachte, wunderte ich mich, warum ich nicht in meinem Bett lag. Ich schauerte und tastete nach den Laken. Als ich aufstand, hatte ich auf einmal Kopfschmerzen. Ich nahm mein Hemd auf und ging langsam nach Hause. Einmal blieb ich kurz stehen, um die blutrote Farbe meiner Brust und meiner Arme zu bewundern, die in der Abendsonne noch dunkler leuchteten. Dereks Wagen war vor dem Haus geparkt. Als ich in die Küche trat, sah ich die Kellertür offenstehen und hörte Stimmen und kratzende Geräusche.

Derek hatte sich die Ärmel hochgekrempelt und drückte mit einer Kelle nassen Zement in den Spalt. Julie stand dabei, die Hände in die Hüften gestützt, und sah ihm zu.

»Ich mach hier deine Arbeit für dich«, sagte Derek, als ich hereinkam, aber er hatte offensichtlich Spaß daran.

Julie schien begeistert, mich zu sehen, als wäre ich jahrelang auf See gewesen. »Schau mal«, sagte sie, »dich hat's wirklich erwischt. Du siehst wunderbar aus. Sieht er nicht wunderbar aus?«

Derek knurrte und beugte sich über seine Arbeit. Der Geruch war schon weniger spürbar. Derek pfiff leise durch die Zähne, während er den Zement glättete. Hinter seinem Rükken blinzelte Julie mir zu, und ich tat so, als wollte ich Derek in den Hintern treten. Er ahnte etwas und fragte, ohne sich umzudrehen: »Ist was?«

»Nein, nichts«, sagten wir miteinander und fingen an zu lachen.

Derek kam mit der Kelle auf mich zu. Zu meiner Überraschung klang er verletzt.

»Vielleicht ist es besser, du machst das«, sagte er.

»Nein, nein«, sagte ich, »du kannst das viel besser als ich.«

Derek wollte mir die Kelle in die Hand drücken. »Es ist dein Hund«, sagte er, »vorausgesetzt, es *ist* ein Hund.«

»Derek!« sagte Julie besänftigend. »Bitte mach du es. Du hast es versprochen.« Sie führte ihn zu der Kiste zurück. »Wenn Jack es macht, gibt es nur wieder Risse, und der Geruch geht überallhin.« Derek zuckte die Achseln und fing wieder mit der Arbeit an. Julie tätschelte ihm die Schulter und nahm seine Jacke von einem Nagel an der Wand. Sie legte sie über dem Arm zusammen und tätschelte sie auch. »Nette Mieze«, flüsterte sie. Diesmal überging Derek unser leises Gekicher.

Dann war er mit der Arbeit fertig und trat zurück. Julie sagte: »Gut gemacht!« Derek machte eine kleine Verbeugung und wollte nach ihrer Hand greifen. Ich sagte etwas Ähnliches, aber er sah nicht zu mir herüber.

Oben in der Küche standen Julie und ich zu Diensten, als Derek sich die Hände wusch. Julie reichte ihm ein Handtuch, und als er sich abtrocknete, wollte er sie an sich ziehen. Aber Julie kam zu mir, legte mir die Hand auf die Schulter und bewunderte meine Gesichtsfarbe. »Du siehst viel besser aus«, sagte sie, »findest du nicht auch, Derek?«

Derek band sich die Krawatte mit schnellen, abgehackten

Bewegungen. Julie schien ihn in seinen Stimmungen mühelos lenken zu können. Er zog sich die Manschetten zurecht und griff nach seinem Jackett. »Mir kommt's so vor, als hätte er's übertrieben«, sagte er. Er ging auf die Tür zu, und einen Augenblick dachte ich, er würde weggehen. Statt dessen bückte er sich, hob einen alten Teebeutel an einer Ecke auf und warf ihn zum Mülleimer hin. Julie füllte den Teekessel, und ich verzog mich ins Wohnzimmer, um nach Tassen zu suchen.

Als der Tee schließlich fertig war, tranken wir ihn stehend in der Küche. In seinem Anzug mit Krawatte sah Derek sich selber wieder ähnlicher. Er stand sehr aufrecht da, hielt die Tasse in der einen Hand und die Untertasse in der anderen. Er fragte mich über die Schule und meine Jobs aus. Dann sagte er vorsichtig: »Du mußt sehr an dem Hund gehangen haben.« Ich nickte und wartete darauf, daß Julie das Thema wechselte. »Wann ist er denn gestorben?« fragte Derek.

Ich sagte: »Es war eine Sie.«

Es gab eine Pause, und dann fragte Derek, ein wenig schmollend: »Also gut, wann ist sie gestorben?«

»Vor zwei Monaten ungefähr.«

Derek drehte sich zu Julie um und sah sie bittend an. Sie lächelte und goß ihm Tee nach. Er sprach zu dem Zwischenraum zwischen ihr und mir. »Was für eine Rasse?«

»Ach, weißt du«, sagte Julie, »eine Mischung aus allem möglichen.«

Ich fügte hinzu: »Aber hauptsächlich ein Neufundländer«, und ganz kurz schien von irgendwoher ein Hund seine eingesunkenen Augen zu meinen zu erheben. Ich schüttelte den Kopf.

»Macht es dir was aus, darüber zu reden?« fragte Derek.

»Nein.«

»Wie bist du darauf gekommen, sie dort hinunterzutun?«

»Irgendwie, um sie zu konservieren. Wie die Ägypter.«

Derek nickte kurz, als sei damit alles geklärt.

Gerade da kam Tom herein, rannte zu Julie und hängte sich ihr ans Bein. Wir bewegten uns auseinander, um den Kreis ein wenig zu erweitern.

Derek wollte Tom an den Kopf fassen, aber Tom schob seine Hand weg, und Derek verschüttete etwas Tee auf den Boden. Er starrte einen Augenblick lang die Spritzer an und sagte: »Hast du Cosmo gern gehabt, Tom?«

Tom klammerte sich weiter an Julies Bein, lehnte sich zurück, um Derek zu betrachten, und lachte, als wäre das ein ständiger Witz zwischen ihnen.

»Du weißt doch, Cosmo, unser Hund«, sagte Julie rasch zu ihm.

Tom nickte.

Derek sagte: »Ja, Cosmo. Warst du traurig, wie sie gestorben ist?«

Tom warf sich wieder nach hinten und starrte diesmal zu seiner Schwester hinauf.

»Du hast auf meinem Schoß gesessen und geweint, weißt du nicht mehr?«

»Doch«, sagte Tom schalkhaft. Wir alle beobachteten ihn genau. »Ich habe geweint, nicht?« sagte er zu Julie.

»Genau, und ich habe dich in dein Bett hinaufgetragen, weißt du noch?« Tom lehnte den Kopf an Julies Bauch und schien tief nachzudenken. Ängstlich bestrebt, Tom von Derek wegzubringen, stellte Julie ihre Tasse ab und ging mit Tom in den Garten. Als sie durch die Tür gingen, sagte Tom laut: »Ein Hund!« und lachte höhnisch.

Derek klapperte mit den Autoschlüsseln in seiner Hosentasche. Julie machte mit Tom einen Wettlauf quer durch den Garten, und wir sahen ihnen beide durchs Fenster zu. Sie sah so schön aus, als sie sich umdrehte und Tom anfeuerte, daß es mich störte, ihren Anblick mit Derek zu teilen.

Ohne sich vom Fenster abzuwenden, sagte er versonnen: »Ich wollte, ihr würdet mir alle ... nun, ein bißchen mehr vertrauen.«

Ich gähnte. Sue, Julie und ich hatten die Hundegeschichte nicht untereinander abgesprochen. Wir hatten mit Derek sehr wenig aufgepaßt. Was im Keller war, schien oft nicht wirklich genug, als daß man es vor ihm verbergen mußte. Wenn wir nicht tatsächlich dort unten waren und die Kiste ansahen, war es, als schliefen wir.

Derek zog seine Uhr. »Ich muß zu einem Spiel. Bis später am Abend vielleicht.« Er trat hinaus und rief Julie etwas zu, die ihr Spiel mit Tom nur kurz unterbrach, um ihm zu winken und ihm eine Kußhand zuzuwerfen. Er wartete noch einen Moment, bevor er ging, aber sie hatte sich schon umgedreht.

Ich ging in mein Zimmer, zog Schuhe und Socken aus und legte mich aufs Bett. Durchs Fenster konnte ich ein klares Viereck blaßblauen Himmels sehen, ohne eine einzige Wolke. Nach weniger als einer Minute setzte ich mich auf und blickte um mich her. Auf dem Boden lagen Coca-Cola-Dosen, schmutzige Kleider, Fish-and-Chips-Tüten, mehrere Drahtkleiderbügel, eine Schachtel, in der Gummibänder gewesen waren. Ich stand auf und sah mir an, wo ich gelegen hatte, die Falten und Knitter in den gelbgrauen Laken, große Flecken mit scharfen Rändern. Ich war am Ersticken. Alles, was ich ansah, erinnerte mich an mich selbst. Ich machte die Türen meines Schranks weit auf und warf den ganzen Abfall vom Boden hinein. Ich zerrte die Laken, Wolldecken und Kissen vom Bett und tat sie auch in den Schrank. Ich riß die Bilder, die ich früher einmal aus Illustrierten ausgeschnitten hatte, von der Wand. Unter dem Bett entdeckte ich mit grünem Schimmel überwachsene Teller und Tassen. Ich nahm jeden losen Gegenstand und verstaute ihn im Kleiderschrank, bis das Zimmer kahl war. Ich holte sogar die Glühbirne und den Lampenschirm herunter. Dann zog ich mir die Kleider aus, warf sie hinein und schloß die Türen. Das Zimmer war leer wie eine Zelle. Ich legte mich wieder aufs Bett und starrte mein Stück klaren Himmel an, bis ich einschlief.

Es war dunkel und kalt, als ich aufwachte. Mit geschlossenen Augen tastete ich nach der Bettdecke. Ich hatte eine verworrene Erinnerung daran, wie ich im Fertighaus lag. War ich noch dort? Ich hatte keine Ahnung, wieso ich auf einmal nackt auf einer unbezogenen Matratze lag. Jemand weinte. War ich es? Ich kniete mich aufs Bett, um das Fenster zuzumachen, und plötzlich erinnerte ich mich, daß meine Mutter vor langer Zeit gestorben war. Sofort fiel mir alles wieder ein, und ich legte mich zitternd hin und horchte. Das Weinen war leise und stetig wie ein Stöhnen und kam aus dem Zimmer nebenan. Es hatte etwas Beruhigendes, und eine Weile achtete ich nur auf das Geräusch. Ich war nicht weiter neugierig. Ich hörte auf zu zittern, schloß die Augen, und sofort, als hätte man mit einer Filmvorführung gewartet, bis ich mich richtig hingesetzt hatte, sah ich eine Reihe deutlicher Bilder. Ich öffnete kurz die Augen und sah dieselben Bilder wie in die Dunkelheit projiziert. Ich überlegte, warum ich soviel schlafen mußte. Ich sah einen überfüllten Strand an einem sehr heißen Nachmittag. Es war Zeit zum Heimgehen. Meine Mutter und mein Vater gingen vor mir und trugen Liegestühle und ein Bündel Handtücher. Ich konnte nicht Schritt halten. Die großen runden Kiesel taten mir an den Füßen weh. In meiner Hand war ein Stecken mit einer Windmühle. Ich weinte, weil ich müde war und getragen werden wollte. Meine Eltern blieben stehen und warteten auf mich, aber als ich bis auf ein paar Schritte bei ihnen war, drehten sie sich um und gingen weiter. Aus meinem Weinen wurde ein langgezogenes Heulen, und andere Kinder hörten mit ihren Beschäftigungen auf und sahen mich an. Ich ließ die Windmühle los, und als jemand sie aufhob und mir hinhielt, schüttelte ich den Kopf und heulte noch lauter. Meine Mutter gab ihren Liegestuhl meinem Vater und kam auf mich zu. Als sie mich hochhob, blickte ich auf einmal über ihre Schulter hinweg ein Mädchen an, das meine Windmühle hatte und mich anstarrte. Die Brise drehte die bunten Flügel, und ich wollte die Mühle unbedingt wiederhaben, aber das Mädchen war schon weit hinter uns, und jetzt waren wir auf dem Pflaster, und die Schritte meiner Mutter hatten einen festen Takt. Ich weinte weiter, aber meine Mutter hörte anscheinend nichts.

Diesmal machte ich die Augen auf und wurde ganz wach. Wegen der geschlossenen Fenster war mein kleines Zimmer heiß und stickig. Tom weinte immer noch nebenan. Ich stand auf und taumelte schwindlig gegen den Schrank. Ich machte ihn auf .und tastete nach meinen Kleidern. Die Glühbirne kollerte heraus und zerbrach auf dem Boden. Ich fluchte laut flüsternd. Ich fühlte mich von dem Dunkel und dem Luftmangel so bedrückt, daß ich nicht weitersuchte. Ich ging mit vorgestreckten Armen und verkniffenem Gesicht auf die Tür zu. Ich blieb auf dem Treppenabsatz stehen, bis sich meine Augen an das Licht gewöhnt hatten. Unten redeten Julie und Sue. Bei dem Geräusch meiner Tür war Tom still geworden, aber jetzt fing er wieder an, eine gezwungene, nicht überzeugende Art von Weinen, das Julie nicht zur Kenntnis nehmen würde. Ihre Zimmertür stand offen, und ich ging leise hinein. Das Zimmer war nur von einer sehr schwachen Birne erleuchtet, und Tom bemerkte mich anfangs nicht. Er hatte die Decke und die Laken ans Fußende seines Gitterbetts gestoßen, lag auf dem Rücken, nackt, und blickte zur Zimmerdecke. Er machte ein Geräusch wie dumpfes Singen. Manchmal vergaß er anscheinend, daß er weinte, und verstummte, dann dachte er wieder daran und fing lauter wieder an. Etwa fünf Minuten lang stand ich hinter ihm und hörte ihm zu. Einen Arm hatte er dicht hinter den Kopf gelegt, mit der anderen Hand spielte er mit seinem Penis, zupfte an ihm und rollte ihn zwischen Zeigefinger und Daumen hin und her.

»Was'n los«, sagte ich. Tom legte den Kopf zurück und sah mich ohne Überraschung an. Dann kehrte sein Blick zur Zimmerdecke zurück, und er fing von neuem an zu weinen. Ich lehnte mich über das eine Seitengitter und sagte barsch. »Was hast du denn? Warum hältst du nicht die Klappe?« Toms Weinen wurde sogleich zu einem wirklichen, glucksenden, Tränen tropften auf das Bettuch neben seinem Kopf. »Moment«, sagte ich und wollte die Gitterseite herunterlassen. In dem Dämmerlicht konnte ich nicht sehen, wie der Riegel aufzumachen war. Mein Bruder holte mit einem gewaltigen Atemzug Luft und schrie. Es war schwer, sich zu konzentrieren, ich schlug mit der Faust auf den Riegel ein, packte die senkrechten Stäbe und rüttelte daran, bis das ganze Bett wackelte. Tom fing an zu lachen, etwas gab nach, und die Seite klappte herunter. Mit seiner Babystimme rief er: »Noch mal! Ich will, daß du das noch mal machst.« Ich setzte mich an dem einen Bettende auf den Haufen von Laken und Decken. Wir starrten einander an, und plötzlich sagte er mit seiner normalen Stimme: »Warum hast du nichts an?«

Ich sagte: »Weil ich schwitze.«

Er nickte. »Ich schwitze auch.« Er legte sich zurück und verschränkte die Arme hinter dem Kopf, mehr wie ein Sonnenbadender als wie ein Kleinkind.

»Hast du darum geweint? Weil du geschwitzt hast?« Er dachte einen Augenblick nach und nickte dann. Ich sagte: »Vom Weinen schwitzt man noch mehr.«

»Ich wollte, daß Julie heraufkommt. Sie hat gesagt, daß sie zu mir heraufkommt.«

»Warum wolltest du, daß sie heraufkommt?«

»Weil ich es wollte.«

»Aber warum?«

Tom schnalzte vor Überdruß mit der Zunge. »Weil ich sie *wollte.*«

Ich verschränkte die Arme. Ich war in der Stimmung für ein Verhör. »Kannst du dich an Mammi erinnern?« Er öffnete ein wenig den Mund und nickte. »Und sie willst du nicht?«

»Sie ist tot«, sagte Tom empört.

Ich machte es mir im Gitterbett bequem. Tom rutschte und machte mir Platz für die Beine. Ich sagte: »Auch wenn sie tot ist, wünschst du dir nicht, daß sie zu dir heraufkäme statt Julie?«

»Ich bin in ihrem Zimmer gewesen«, prahlte Tom. »Ich weiß, wo Julie den Schlüssel hat.«

Ihr versperrtes Schlafzimmer kam mir kaum je in den Sinn. Wenn ich an Mutter dachte, dachte ich an den Keller. Ich sagte: »Was machst du dort?«

»Nichts.«

»Was ist drin?«

Toms Stimme wurde etwas weinerlich. »Julie hat alles weggeräumt. Alle Sachen von Mammi.«

»Was wolltest du mit Mammis Sachen?« Tom starrte mich an, als hätte meine Frage keinen Sinn gehabt. »Hast du mit ihren Sachen gespielt?« fragte ich.

Tom nickte und preßte auf Julies Art die Lippen zusammen. »Wir haben uns verkleidet und so.«

»Du und Julie?«

Tom kicherte. »Ich und Michael, du Blödmann!« Michael war Toms Freund aus den Hochhäusern.

»Ihr habt euch mit Mammis Sachen verkleidet?«

»Manchmal waren wir Mammi und Vati, und manchmal waren wir Julie und du, und manchmal waren wir Julie und Derek.«

»Was habt ihr gemacht, wenn ihr ich und Julie wart?« Wieder ergab meine Frage für Tom keinen Sinn. »Ich meine, was habt ihr *gemacht*?«

»Nur gespielt«, sagte Tom unbestimmt.

Wegen der Beleuchtung auf seinem Gesicht und weil er Geheimnisse hatte, wirkte Tom wie ein winziger alter Weiser, der mir zu Füßen lag. Ich fragte mich, ob er an den Himmel glaubte. Ich sagte: »Weißt du, wo Mammi jetzt ist?«

Tom starrte zur Zimmerdecke und sagte: »Im Keller.«

»Wie meinst du das?« flüsterte ich.

»Im Keller. In der Kiste da unter dem ganzen Zeug.«

»Wer hat dir das gesagt?«

»Derek hat's mir gesagt. Er hat gesagt, du hättest sie da hineingetan.« Tom drehte sich zur Seite und tat den Daumen nicht in, sondern neben den Mund.

Ich rüttelte ihn am Knöchel. »Wann hat er dir das gesagt?« Tom schüttelte den Kopf. Er wußte nie, ob etwas gestern oder letzte Woche passiert war. »Was hat Derek sonst noch gesagt?«

Tom setzte sich auf und grinste. »Er sagt, du tätest dauernd so, als wär's ein Hund.« Er lachte. »Ein Hund!«

Tom deckte sich mit einem Zipfel des Bettuchs zu und wälzte sich wieder auf die Seite. Er steckte sich die Daumenspitze zwischen die Lippen, aber seine Augen blieben offen. Ich legte mir ein Kissen hinter dem Rücken zurecht. Es gefiel mir hier in Toms Bett. Was ich gerade alles gehört hatte, war mir gleich. Ich wollte am liebsten die Bettseite hochklappen und die ganze Nacht sitzen bleiben. Als ich zuletzt hier geschlafen hatte, war alles geordnet und für alles gesorgt gewesen. Als ich vier war, glaubte ich, meine Mutter dächte sich die Träume aus, die ich nachts hatte. Wenn sie, wie sie es manchmal tat, mich am Morgen fragte, was ich geträumt hätte, war es, weil sie wissen wollte, ob ich die Wahrheit sagte. Ich hatte das Gitterbett schon lange vorher an Sue weitergegeben, als ich zwei war, aber jetzt darinzuliegen war mir vertraut – sein salziger, kaltfeuchter Geruch, die Anordnung der Stäbe, ein mich umhüllendes Vergnügen zärtlichen Gefangenseins. Es verging lange Zeit. Toms Augen öffneten sich kurz und schlossen sich wieder. Er sog sich den Daumen tiefer in den Mund. Ich wollte, daß er noch nicht einschlief.

»Tom«, flüsterte ich. »Tom. Warum willst du ein Baby sein?«

Er sprach mit dünner, klagender Stimme, als wollte er gleich weinen. »Du *zerdrückst* mich ja.« Er gab mir von unter dem Bettuch einen schwachen Tritt. »Du zerdrückst mich, und das ist mein Bett . . . du . . .« Seine Stimme versagte, und seine Augen schlossen sich fest, und zugleich wurde sein Atem tief und rhythmisch. Ich sah ihm ungefähr eine Minute lang zu, bis ich durch ein Geräusch merkte, daß auch mir jemand von der Türöffnung her zusah.

»Sieh dir das an«, flüsterte Julie vor sich hin, während sie durch das Zimmer ging. »Sieh dir *die* an.« Sie gab mir einen Puff gegen die Schulter und legte sich die Hand auf den Mund, um ihr Gelächter zu ersticken. »Zwei nackte Babies!« Sie hob die Seite des Bettes an, verriegelte sie, lehnte sich auf den Ellbogen über das Gitterbett und lächelte mich voll Freude an. Sie hatte das Haar hochgesteckt, und lange, feine Strähnen kräuselten sich bei ihren Ohren, an denen Ohrringe mit bunten Glasperlen hingen. »Du süßer kleiner Liebling.« Sie streichelte mir den Kopf. Ihre weiße Baumwollbluse war bis zur Wölbung ihrer Brüste aufgeknöpft, und ihre Haut war von tiefem, stumpfem Braun. Sie preßte die Lippen zusammen, aber ihr Lächeln zog sie immer wieder auseinander. Der süße und scharfe Geruch ihres Parfüms hüllte mich ein, und ich saß dümmlich grinsend da und starrte ihr in die Augen. Ich dachte daran, aus Spaß den Daumen in den Mund zu stecken, und hob die Hand zum Gesicht. »Nur zu«, ermunterte sie mich, »hab keine Angst.«

Von dem faden Geschmack meiner eigenen Haut kam ich wieder zu mir. »Ich steige raus hier«, sagte ich, und wie ich mich hochkniete, zeigte Julie durch die Gitter auf mich.

»Schau! Es ist schon groß!«, und sie lachte und tat so, als wollte sie mich packen.

Ich kletterte über die Seite, und während Julie Tom zudeckte, schob ich mich auf die Tür zu und bedauerte schon, daß ich unsere Szene abgebrochen hatte.

Julie hielt mich am Arm auf und führte mich zum Bett hin. »Geh noch nicht«, sagte sie. »Ich möchte mit dir reden.« Wir saßen einander gegenüber. Julies Augen hatten einen wilden, leuchtenden Blick. »Du siehst schön aus ohne Kleider«, sagte sie. »Rosa und weiß wie eine Eisportion.« Sie faßte mich an den sonnverbrannten Arm. »Tut er weh?«

Ich schüttelte den Kopf und sagte: »Und was ist mit deinen Kleidern?«

Sie zog sich flink aus. Als ihre Kleider in einem Häufchen zwischen uns auf dem Bett lagen, nickte sie zu Tom hin und sagte: »Was meinst du? Meinst du nicht, er ist glücklich?«

Ich sagte: »Doch« und erzählte ihr, was er mir gesagt hatte.

Julie riß in gespielter Überraschung den Mund auf. »Derek weiß es schon ewig. Wir haben das Geheimnis nicht sehr geschickt gehütet. Was ihn stört, ist, daß wir ihn nicht einweihen.« Sie kicherte in die vorgehaltene Hand. »Er fühlt sich ausgeschlossen, wenn wir ihm immer erzählen, es wäre ein Hund.« Sie rückte etwas näher zu mir und schlang sich die Arme um den Leib. »Er will mit von der Familie sein, du weißt schon, der große, kluge Daddy. Er geht mir allmählich auf die Nerven.«

Ich faßte sie am Arm, wie sie mich zuvor angefaßt hatte.

»Jetzt, wo er es weiß«, sagte ich, »können wir es ihm gradesogut auch sagen. Ich komme mir auch leicht dämlich vor mit dem ewigen Hund.«

Julie schüttelte den Kopf und schlang ihre Finger in meine. »Er will alles in die Hand nehmen. Er redet dauernd davon, daß er bei uns einziehen will.« Sie machte breite Schultern und streckte die Brust heraus. »Was ihr vier braucht, ist jemand, der für euch sorgt.«

Ich nahm Julies andere Hand, und wir rückten zusammen, bis sich unsere Knie berührten. Aus dem Gitterbett, das direkt neben uns stand, murmelte Tom im Schlaf und schluckte laut. Julie sprach jetzt flüsternd.

»Er wohnt mit seiner Mammi in so einem kleinen Haus. Ich bin mal dagewesen. Sie nennt ihn Tüttelchen und will, daß er sich vor dem Tee die Hände wäscht.« Julie löste ihre Hände aus meinen und legte sie mir seitlich aufs Gesicht. Sie warf einen Blick nach unten zwischen meine Beine. »Sie hat mir erzählt, sie bügelt ihm fünfzehn Hemden die Woche.«

»Das ist eine ganze Menge«, sagte ich.

Julie quetschte mir das Gesicht zusammen, daß mein Mund wie ein Vogelschnabel vorstand. »So hast du früher immer ausgesehen«, sagte sie, »und jetzt siehst du so aus.« Sie ließ die Hände los.

Ich wollte, daß wir weiterredeten. Ich sagte: »Du bist schon lange nicht mehr laufen gegangen.«

Julie streckte ein Bein aus und legte es mir übers Knie. Wir sahen es beide an, als wäre es ein Schoßhund. Ich faßte den Fuß mit beiden Händen.

»Vielleicht laufe ich ein bißchen im Winter«, sagte Julie.

»Gehst du wieder zur Schule nächste Woche?«

Sie schüttelte den Kopf. »Und du?«

»Nein.«

Wir drückten einander an die Brust, und unsere Arme

und Beine verknäuelten sich so, daß wir seitlich aufs Bett kippten. Wir lagen mit den Armen um den Nacken des andern, die Gesichter dicht beieinander. Lange sprachen wir über uns.

»Es ist komisch«, sagte Julie, »aber ich habe jedes Zeitgefühl verloren. Es kommt mir vor, als wäre es immer so gewesen. Ich weiß eigentlich gar nicht mehr, wie es war, als Mammi noch lebte, und ich kann mir nicht vorstellen, daß irgend etwas anders wird. Alles scheint mir ruhig und fest und gibt mir das Gefühl, daß ich vor nichts Angst haben muß.«

Ich sagte: »Außer wenn ich in den Keller gehe, ist mir, als ob ich schlafe. Es gehen ganze Wochen vorbei, ohne daß ich es merke, und wenn du mich fragst, was vor drei Tagen war, weiß ich es nicht.«

Wir redeten über den Abbruch weiter unten an der Straße und wie es wäre, wenn unser Haus eingerissen würde.

»Jemand würde herumstöbern«, sagte ich, »und nichts als ein paar zerbrochene Ziegelsteine im hohen Gras finden.«

Julie schloß die Augen und legte mir das Bein über die Hüfte. Ein Teil von meinem Arm lag auf ihrer Brust, und darunter konnte ich das Pochen ihres Herzens spüren.

»Es wäre nichts dabei«, murmelte sie, »oder?« Sie rutschte weiter das Bett herauf, bis ihre großen blassen Brüste auf der gleichen Höhe wie mein Gesicht waren. Ich berührte eine Brustwarze mit der äußersten Spitze meines Fingers. Sie war hart und runzlig wie ein Pfirsichkern. Julie nahm sie zwischen die Finger und knetete sie. Dann schob sie sie mir an die Lippen. »Nur zu«, flüsterte sie.

Ich fühlte mich gewichtslos durch das All purzeln, ohne jeden Sinn für oben oder unten. Wie ich die Lippen um Julies Brustwarze schloß, lief ein leichter Schauer durch ihren Leib, und eine Stimme vom andern Ende des Zimmers her sagte bedrückt: »Jetzt habe ich genug gesehen.«

Sofort versuchte ich mich loszumachen. Aber Julie hatte die Arme noch um meinen Hals und hielt mich noch fester. Ihr Körper schirmte mich gegen Derek ab. Auf einen Ellbogen gestützt, drehte sie sich und sah ihn an.

»Wirklich?« sagte sie milde. »Du meine Güte.« Aber ihr Herz, nur Zentimeter von meinem Gesicht entfernt, hämmerte laut.

Derek sprach wieder und klang diesmal viel näher. »Wie lange geht das schon so?« Ich war froh, daß ich ihn nicht sehen konnte.

»Schon ewig«, sagte Julie, »ewig und ewig.«

Derek machte einen kleinen Laut der Überraschung oder des Ärgers. Ich stellte mir vor, daß er still und aufrecht dastand, die Hände in den Taschen. Diesmal war seine Stimme belegt und schwankend. »All die Male . . . und mich hast du nie auch nur in deine Nähe gelassen.« Er räusperte sich geräuschvoll, und es entstand eine kurze Stille. »Warum hast du mir nichts davon gesagt?«

Ich spürte, wie Julie die Achseln zuckte. Dann sagte sie: »Eigentlich geht dich das nichts an.«

»Wenn du mir was gesagt hättest«, sagte Derek, »hätte ich mich dünngemacht und euch euch selbst überlassen.«

»Typisch!« sagte Julie. »Das ist typisch.«

Derek war jetzt zornig. Seine Stimme zog sich durchs Zimmer zurück. »Widerlich ist das«, sagte er laut, »er ist dein *Bruder*.«

»Sprich leiser, Derek«, sagte Julie mit fester Stimme, »sonst weckst du Tom.«

»Widerlich!« wiederholte Derek, und die Zimmertür knallte zu.

Julie sprang vom Bett, sperrte die Tür zu und lehnte sich dagegen. Wir horchten auf das Startgeräusch von Dereks Wagen, aber bis auf Toms Atem war alles sehr still. Julie lächelte mir zu. Sie ging zum Fenster und zog die Vorhänge etwas auseinander. Derek war so kurze Zeit im Zimmer gewesen, daß es uns jetzt wie Einbildung vorkam.

»Wahrscheinlich unten«, sagte Julie und ließ sich wieder neben mir nieder, »wahrscheinlich jammert er Sue was vor.« Wir blieben ein oder zwei Minuten still und warteten, bis sich der Klang von Dereks Stimme verloren hatte. Dann legte mir Julie die Hand auf den Bauch. »Schau, wie weiß du bist«, sagte sie, »gegen meine Hand.« Ich nahm ihre Hand und maß sie mit meiner. Sie war genau gleich groß. Wir setzten uns auf und verglichen unsere Handlinien, und die waren ganz verschieden. Wir begannen eine langwierige gegenseitige Untersuchung unserer Körper. Nebeneinander auf dem Rücken liegend, verglichen wir unsere Füße. Ihre Zehen waren länger und schlanker. Wir maßen unsere Arme, Beine, Hälse und Zungen, aber nichts davon war sich so ähnlich wie unsere zwei Nabel, mit dem gleichen schmalen Schlitz im Wirbel, der nach einer Seite gequetscht war, und denselben Fältchen in der Vertiefung. Es ging weiter, bis ich schließlich die Finger in Julies Mund hatte und ihre Zähne zählte und wir über unser Treiben zu lachen anfingen.

Ich wälzte mich auf den Rücken, und Julie setzte sich, noch immer lachend, rittlings auf mich, faßte nach meinem Penis und zog ihn zu sich hinein. Es geschah sehr schnell, und plötzlich waren wir still und konnten einander nicht mehr ansehen. Julie hielt den Atem an. Etwas Weiches war mir im Weg, und wie ich in ihr größer wurde, teilte es sich, und ich war tief in ihr. Sie stieß einen kleinen Seufzer aus, kniete sich nach vorn und küßte mich zart auf die Lippen. Sie hob sich leicht und ließ sich sinken. Ein kühler Schauer schlängelte sich meinen Bauch hinauf, und ich seufzte auch. Schließlich sahen wir einander an. Julie lächelte und sagte: »Es ist einfach.« Ich setzte mich ein wenig auf und drückte das Gesicht an ihre Brüste. Sie nahm wieder eine Brustwarze in die Finger und suchte damit meinen Mund. Wie ich daran saugte und derselbe Schauer den Leib meiner Schwester durchlief, hörte und spürte ich einen tiefen, regelmäßigen Pulsschlag, ein gewaltiges, dumpfes, langsames Pochen, das aus dem Haus aufzusteigen und es zu schütteln schien. Ich ließ mich nach hinten fallen, und Julie beugte sich nach vorn. Wir bewegten uns langsam im Takt des Geräuschs, bis es uns zu bewegen und weiterzustoßen schien. Einmal warf ich einen Blick zur Seite und sah Toms Gesicht durch die Stäbe des Gitterbetts. Ich dachte, er würde uns zuschauen, aber als ich noch mal hinsah, waren seine Augen zu. Ich schloß auch meine. Etwas später entschied Julie, es wäre Zeit, daß wir uns umdrehten. Das war nicht leicht zu machen. Mein Bein wurde unter ihrem eingeklemmt. Das Bettzeug war uns im Weg. Wir wollten uns nach einer Seite wälzen, fielen aber fast vom Bett und mußten wieder zurück. Ich klemmte Julies Haare zwischen dem Ellbogen und dem Kissen ein, und sie sagte sehr laut: »Aua!« Wir fingen an zu kichern und zu vergessen, was wir vorhatten. Bald lagen wir wieder nebeneinander und hörten dem gewaltigen, rhythmischen Dröhnen zu, das sich jetzt etwas verlangsamt hatte.

Dann hörten wir Sue Julies Namen rufen und gegen die Tür hämmern. Als Julie aufmachte, warf Sue ihr die Arme um den Hals und drückte sie an sich. Julie führte Sue zum Bett, und dort setzte sie sich, zitternd und die Lippen zusammenpressend, zwischen uns. Ich hielt ihr die Hand.

»Er schlägt es kaputt«, sagte sie schließlich, »er hat den Vorschlaghammer da entdeckt und schlägt es kaputt.«

Wir horchten. Die Schläge waren jetzt nicht mehr so laut, und manchmal gab es Pausen dazwischen. Julie stand auf, versperrte die Tür und stellte sich daneben. Eine Weile hörten wir nichts. Dann waren da Schritte auf dem Weg zur Eingangstür. Julie ging ans Fenster.

»Er steigt ins Auto.«

Es herrschte wieder lange Stille, bis wir den Motor anspringen und den Wagen wegfahren hörten. Das scharfe Geräusch der Reifen auf der Straße war wie ein Schrei. Julie zog die Vorhänge zu, kam zurück und setzte sich neben Sue und hielt ihr die andere Hand. So saßen wir drei in einer Reihe auf der Bettkante. Lange Zeit sprach niemand. Dann schienen wir aufzuwachen und begannen flüsternd von Mammi zu reden. Wir sprachen über ihre Krankheit und wie es war, als wir sie die Treppe hinuntertrugen und als Tom zu ihr ins Bett hinein wollte. Ich erinnerte sie an den Tag mit der Kissenschlacht, als wir allein im Haus geblieben waren. Sue und Julie hatten ihn vollständig vergessen. Wir erinnerten uns an Ferien auf dem Land, bevor Tom auf die Welt gekommen war, und besprachen, was Mammi von Derek gehalten hätte. Wir waren uns einig, daß sie ihn fortgejagt hätte. Wir waren nicht traurig, wir waren aufgeregt und eingeschüchtert. Wir kamen immer wieder aus dem Flüstern heraus, bis einer von uns »Schsch!« machte. Wir sprachen von der Geburtstagsfeier an Mammis Bett und von Julies Handstand. Wir wollten, daß sie ihn noch einmal machte. Sie räumte mit Fußtritten ein paar Kleider aus dem Weg und warf sich kopfüber in die Luft. Ihre dunklen, braunen Glieder gerieten kaum ins Zittern, und als sie wieder unten war, klatschten Sue und ich leise. Erst das Geräusch von zwei oder drei anhaltenden Wagen, von zuschlagenden Türen und den eiligen Schritten mehrerer Leute, die den Eingangsweg heraufkamen, weckte Tom auf. Durch einen Spalt im Vorhang warf ein sich drehendes blaues Licht ein wirbelndes Muster an die Wand. Tom setzte sich auf und starrte es blinzelnd an. Wir drängten uns um das Gitterbett, und Julie beugte sich hinunter und küßte ihn.

»Na!« sagte sie. »War das nicht ein schöner Schlaf?«

Titel der englischen Originalausgabe

The Cement Garden

Übersetzt von einer studentischen Arbeitsgruppe des Instituts für englische Philologie an der Universität München, Gruppenleitung und Endredaktion: Christian Enzensberger

1. Auflage 1989
Aufbau-Verlag Berlin und Weimar
Ausgabe für die Deutsche Demokratische Republik mit Genehmigung der Diogenes Verlag AG Zürich

Einbandgestaltung Gerhard Medoch
Typographie Peter Birmele
Karl-Marx-Werk, Graphischer Großbetrieb, Pößneck V 15/30
Printed in the German Democratic Republic
Lizenznummer 301. 120/171/89
Bestellnummer 614 015 6
00670

ISBN 3-351-01427-9